新娘秘書
時尚新娘造型設計

王惠欣 編著

全華圖書股份有限公司

目錄
Contents

01 婚俗文化 · 新秘功能

臺灣的婚俗文化 008

臺灣的婚紗產業文化 018

造型前的先備知識 021

整髮 026

02 信手拈來 · 編結巧思

典雅浪漫 028

自然編結 032

黑色搖滾 038

綠野仙蹤 044

個性爵士 050

03 清新自然 · 時尚扭轉

純白女神 056

柔美大方 062

簡約新古典 068

04 抽絲剝繭 · 繁複華麗

俏麗短造型 074

線條包覆 080

夢幻洛可可 086

甜美現代風 092

05 包覆髮髻 · 簡潔優雅

圓潤鮑伯 098

華麗巴洛克 102

流線蒂芬妮 108

華貴雍容 144

古典婉約 120

06 繁華如夢 · 復古風情

波浪古典 126

復古波浪 132

五〇風華 138

07 婉約優雅 · 韻律堆疊

成熟時尚 146

六〇雅緻 152

甜美赫本風 158

浪漫曲線 164

08 柔美螺旋 · 俏麗可人

曲線包覆 170

四〇時尚 176

七〇龐克 182

資料來源 187

01

婚俗文化 · 新秘功能

臺灣的婚俗文化

文化的起源

人類的生存有著共通性的需求，包含：溫飽、居住、安全感等。隨著基本需求的滿足，逐步衍伸出更高層次的需求，例如：制度、律法等。當生活需求發展成爲特定族群的習慣且被傳承，即產生所謂的「文化」。人類學家 Bronislaw Malinowski 認爲，文化整體運作各部分的功能就是爲了滿足人類各項需求（Howard，1997），它是由工具、器具、服裝、風俗習慣、制度、儀式等所構成，透過經驗而習得，具有象徵性，並在象徵化的過程中發展出文化（Kottat，2011）。臺灣豐富的人文與殖民生涯有關，自 1624 年起歷經荷蘭、西班牙、中國明朝、清朝、日本，直至 1945 年中華民國至今，如此輾轉的經歷造就了多元的文化背景。清帝國統治臺灣 212 年，臺灣的婚禮文化受其影響甚大，包含童養媳、聘金、結婚習俗等。

關於結婚、訂婚習俗，可從相關古籍或民間傳說來了解其淵源。根據《古史考》：「伏羲制嫁娶，以儷爲皮」（「儷」指的是鹿皮，爲結婚的信物）、《風俗通義》：「女媧禱祠神，祈而爲女媒，因制婚姻」（許進雄，2013）等典籍記載，伏羲與女媧原爲兄妹，爲繁衍後代而結婚，並共同制定結婚制度。

另外有關於結婚的「婚」字亦有淵源，《說文》：「婚，婦家也。禮，娶婦以昏時，婦人陰也，故曰婚，從女，從昏，昏亦聲。」遠古時期常以大自然的現象釋義生活中的事物，古人認爲女生代表陰面，男性代表陽面，因此結婚以女爲部首、從昏字。婚字亦有其他的意義，遠古有掠奪婦女的風氣，爲了避免迎娶時新娘被掠奪，所以娶妻必在黃昏，非常有意思。

在民間故事方面，根據《元曲雜劇》之〈桃花女鬥法周公〉，故事敘述年僅 18 歲的桃花女，屢屢破解命理師周公的預言，顏面盡失的周公以迎娶桃花女爲兒媳之由，設計一場誆騙婚禮。周公城府深、心機重，深知桃花女犯太歲，選擇了沖犯日神與金神七殺的時辰迎娶桃花女，使桃花女出嫁時必將帶傷上轎，一路凶險必死無疑。桃花女知道周公的盤算，便準備相關制煞道具，巧妙破解周公的布局。而這些道具，即爲我們熟知的婚嫁備品。

1. **鳳冠霞披：**爲避免遭金神轟頂殞命，身著大紅袍、戴鳳冠、米篩遮頂，身著華服的桃花女貴氣逼人，鳳冠上的千眼讓金神以爲神尊降世，桃花女躲過一劫。

2. **紅巾蓋頭：**爲避太歲煞氣，以紅巾蓋頭、轎子起步前先倒退三步再前進以避免衝撞太歲。

3. **紅毯：**周公選定黑道日迎娶，桃花女下轎前先請隨從鋪蓆子，腳踩淨蓆前進，將黑道日轉化爲黃道吉日。

4. **五穀、五色錢：**隨著新娘前進時灑於廳堂以避煞。

5. **設宴：**周公深知技不如桃花女，心服口服之際，除讓爲完成拜堂的新人完成拜堂外，設宴款待親友並慶賀娶媳之喜。

在教育不普及的年代裡，民間故事具有寓言與教化人民之意義，〈桃花女鬥法周公〉故事中的婚禮禁忌便成爲民間百姓婚慶時的習俗，隨著年代流傳至今。

臺灣的婚俗—傳統農業社會 v.s 現今社會

早期臺灣男女的婚嫁皆由家長做主，不相識的男女兩人在媒妁之言下完成了終身大事，並在日後的歲月裡慢慢培養感情。隨著時間的流轉與社會的進步，現代人擁有婚姻的自主權，幸福掌握於自己的手中，男女雙方相識、戀愛到決定攜手未來，酸、甜、苦、辣的歷程，爲兩人一生深刻的回憶。戀愛與結婚是男女兩人的共識，但結婚就成了兩家人的事。婚禮的禮數是否能圓滿，牽動婚禮是否能順利進行，結婚當事人應該有共識，且必須是彼此原生家庭的溝通橋樑，方有助於婚禮進行。

《禮記 ‧ 昏義》中紀錄了完整的婚禮程序，包含了納采、問名、納吉、納徵、請期與親迎，此並稱「六禮」，爲傳統農業社會的婚俗流程，以下簡述之。

1. **納采：**也稱「議婚、提親、說親」。依傳統媒妁之言的婚姻禮俗，納采是提親的第一個步驟。男方請媒婆攜禮品前往中意的女方家提親，女方家長若首肯便收下禮品，若退回禮品此提親便告吹。

2. **問名：**也稱「討年生、問八字」。生庚，也就是生庚八字（出生年、月、日配合天干地支，以八字表示）。當男方「求婚」成功，男方先準備好新郎的生庚八字偕同媒人探訪女方家，準新娘應奉茶以示招待，雙方家長對於婚禮進行會談並聽取對方的意見，同時將新郎的生庚八字交給女方，女方在接到男方的庚帖後，亦將新娘的庚帖交予男方攜回，雙方各自尋覓命理師批命狀以決定訂婚或結婚的日期。

3. **納吉**：又稱「小定、小聘或過定」，男方需準備豬肉、大餅等聘禮，由媒婆帶領前往女方家行納吉儀式，女方收下聘禮後應回禮並於中午時分設宴款待親朋好友。

4. **納徵**：又稱「大定、大聘、行聘或完聘」。男方擇良辰吉時備妥聘金、金飾、新娘衣料、乾果、豬肉等，由媒婆帶領至女方家，抵達女方家時，女方應放鞭炮恭迎男方入內坐定，女方點收聘禮後由主婚人酌取大餅與聘禮供奉神明與祖先，儀式後雙方各自設宴款待親友。

5. **請期**：也稱「報日」、「乞日」或「送日子」，即確定結婚日期。傳統禮俗裡，雙方訂婚後，男方選定吉日吉時迎娶新娘後，委託介紹人以書面正式通知女方，以示尊重與重視。科技高度發展的現今，「請期」已簡化爲口頭告知。

6. **親迎**：婚嫁六禮之最後一禮，又稱「迎親」，即新郎至新娘家迎娶新娘。

現今婚禮多承襲舊有婚儀而來，隨著生活觀念與地域差異，婚俗儀式變得更加多元彈性，簡化了原有的婚俗規範。以下介紹現今社會的基本婚俗。

1. **納采與問名**：雙方決定步入禮堂，男方家長協同媒人至女方家提親，詢問女方家長對於婚禮的意見與需求，包含聘金、大、小餅數量、十二禮或六禮等，經溝通達共識後，雙方交換準新人生辰八字，再依各自家族之婚俗確認訂婚與結婚日期。

2. **文定**：又稱爲訂婚。現今社會已將傳統婚俗中的納吉與納徵於訂婚儀式中一併完成。

3. **結婚**：結婚爲人生中大喜之日，禮儀象徵雙方對結婚的重視，其中的每個環節都有其意涵。

Point

地方禮俗

禮俗名稱	內容
廚儀	傳統社會中辦桌宴客，廚師禮
端儀	傳統社會中辦桌宴客，負責端菜服務人員的禮
盥洗儀	新郎下車時，端臉盆讓新郎洗手者的禮
迎送接待之禮	迎送接待之禮
新娘奉茶，回贈之紅包	新娘奉茶，回贈之紅包
哺育儀	答謝女方家長養育之恩
簪儀	新娘梳妝禮
轎儀	迎請新娘上車者之禮

訂婚儀式

男方六禮及相關禮俗

六禮	備品	禮俗涵義
體面禮	大餅	漢餅（圓餅），論斤論兩決定喜餅的尺寸，傳統觀念裡，認為喜餅斤兩越重男女雙方都體面。
	小餅	多為西式的禮餅，亦有漢餅的選擇，訂婚儀式完畢後女方應回贈數盒予男方。
結親禮	聘金	大小聘。聘金的多寡由雙方協議而定，現代人多退回大聘僅收小聘，亦有大小聘皆不收的例子。
頭尾禮	金飾、布料	金飾：項鍊、耳環、戒指。 布料：新娘的衣服、皮包、鞋子
香燭禮	禮香、炮燭	無紅色香柱的禮香、龍鳳燭、長串大鞭炮。
好尪禮	米香	取米香（ㄆㄤ）的諧音，即「吃米香嫁好尪」。
吉祥禮	米、糖仔路（冬瓜糖）、龍眼乾	龍眼乾又稱福圓，代表新郎的眼睛。結婚時新娘只取兩顆吃掉，象徵新郎婚後只關注於新娘。福圓、米、冬瓜糖都象徵圓滿之意。

女方回禮

抬聘禮	回饋男方協助抬聘禮人員紅包、甜茶、甜湯圓、點心。
吉祥禮	五穀種子、生炭、紅糖、緣粉、緣錢、石榴等。
酒席	訂婚宴請男方酒席以表敬意。
回贈新郎	皮帶、皮鞋、皮夾、領帶、西裝、手表等。

文定流程

啓程

01

訂婚當天男方準備六或十二禮，出發前往女方家前先鳴炮後出發，途經橋梁或者道路轉彎處直至女方家前約100公尺皆鳴炮示意。

迎納

02

女方聽聞男方鳴炮聲後，隨即鳴炮回應，男方隨車媒人先行下車，此時由女方的兄弟替新郎開車門，並端上洗臉水讓新郎洗臉、手，新郎贈予紅包禮。

交換信物

07

好命婆牽引新娘至廳堂，新娘坐於高腳椅，腳踩矮凳之上，面朝大廳外。金、銀（古禮為金、銅）戒指以紅線纏繞一起，代表新人同心齊力之意。

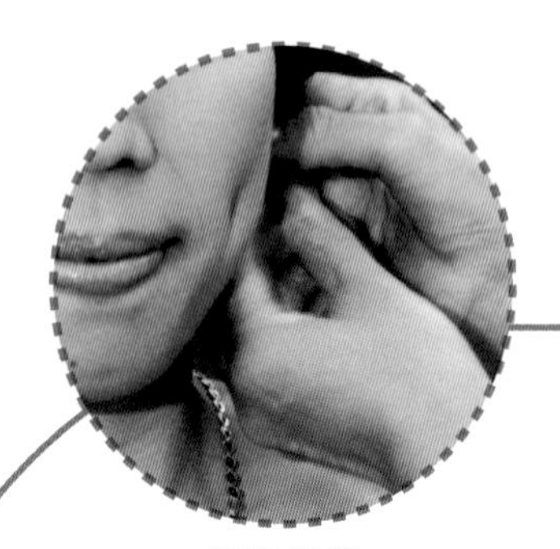

見面禮

08

婆婆與岳母分別替新娘與新郎戴上項鍊等首飾，作為見面之禮。

祭祖

09

點燭、燃香、獻禮、說吉祥話為祭祖的流程，由新娘的舅舅點燃排香給女方父母以及新人拜神、祭祖（女方贈點燭禮予舅舅），程序完成代表婚事已定。

訂婚宴

10

訂婚為女方主場，訂婚儀式完畢後女方設宴款待親友，男方在婚宴結束前須「提早離席」並留下「壓桌禮」、「姊妹桌禮」，此禮俗意義在於不貪女方便宜或不吃定女方之意；女方則備雞腿附紅包回贈男方的幼輩。

納徵

03

男方隨行人員於詢問女方家擺設位置後，將裝於春檻中的聘禮，逐一搬至女方家，女方須回贈紅包給協助搬聘禮的人員。

介紹

04

媒人在介紹雙方正式認識前會先以吉祥話開場，諸如：「兩府結成好姻緣，平安富貴萬萬年」、「天地配合，成雙成對；夫唱婦隨，萬年富貴」。緊接著先將男方親友介紹給女方後，再介紹女方親友予男方認識。

奉茶

05

女方長輩依據長幼順序請男方親友入座，新郎則坐於末座。新娘在好命婆牽引下，手捧桂圓紅棗茶或者甜茶逐一向男方親友奉茶，並在媒人介紹指引下一一稱呼男方親友後，返回房間等待男方片刻喝茶時間。

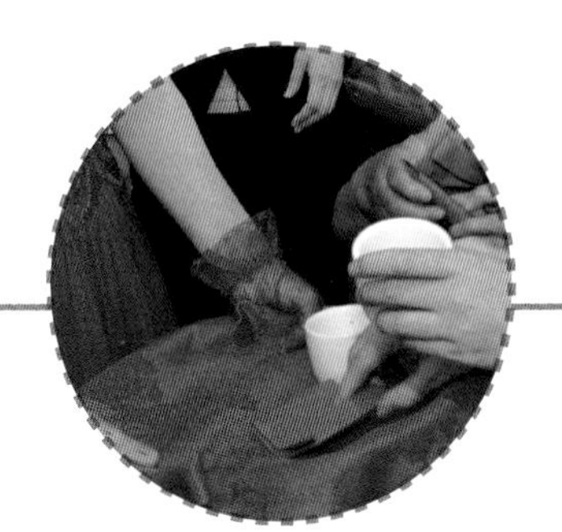

奉茶禮

06

也稱「壓茶甌」。好命婆再度牽引手捧著茶盤的新娘出廳堂，新娘向男方親友收回茶杯，男方親友則將紅包置於茶杯中或者壓在茶杯下方回禮。

回檻

11

女方將男方的聘禮回贈一部分予男方，新娘回贈新郎從頭至腳共六件或十二件隨身用品（頭尾禮）；聘金回贈部分目前多為留下小聘回贈大聘，或者從雙方之約定。

禮餅

12

訂婚喜餅是由女方贈與親友。

結婚儀式

華人世界重男輕女的觀念從結婚禮俗、備品可窺得，以瓦片爲例，是爲添丁之意而設計的禮俗；而古俗中備品也常取物品的「形狀」或「諧音」來象徵其意涵，例如子孫桶，目的爲期許新娘能興旺夫家、繁衍子女、生活順利圓滿。隨著時代的觀念開放，新人對於古俗是否依循，端視兩家長輩以及新人的態度，爲求婚禮順利圓滿，「溝通」是婚禮前最重要的準備工作。

男方應備物品表列

米篩	附有八卦，爲新郎請新娘下車，遮蔽於頭部上方做爲避邪之用，適用於未懷孕的新娘，若新娘已有身孕，則不適用（避免米篩上的八卦圖沖煞胎兒）。
黑傘	新郎請新娘下車遮於頭部上方以做爲避邪之用，適用於已有身孕新娘，但臺灣北部迎接未懷孕的新娘亦使用黑傘遮蔽，作法視地方習俗而定。
安床	請小男孩滾床（屬龍爲佳），有生子之意。
紅包禮與相關工作人員	司機、開門、梳妝、挽面、牽新娘、伴郎、端茶、食茶、招待、收禮金、招待、收禮金。
紅蛋	準備偶數量的紅蛋，每 2 顆以紅紙包妥，分送男方接待人員，分享喜悅與喜氣。
春仔花、胸花	提供女方長輩插於頭上的喜花；胸花爲海綿製喜花，男方親友戴紅色，女方親友戴粉紅色。
瓦片、烘爐、木炭	瓦片爲新娘入家門食放置於烘爐前，供新娘跨過燃有木炭的烘爐「破瓦」用。關於跨烘爐與破瓦有三種意涵： ・古俗認爲新娘的八字若帶「破月」（或稱爲「破骨」）命格，對夫家輕則家產破敗，重則會「衰家門、子孫見骨、家門敗」，剋公婆或丈夫、子女。媒人會在新娘破瓦跨越烘爐之際唸道：「瓦破人無破，銀圓人也圓」化解之。 ・關於生子女有「弄璋之喜、弄瓦之喜」賀詞，弄璋爲生子，弄瓦爲生女，在重男輕女的社會中，破瓦則有「添丁」之意，跨越燃燒木炭的烘爐則有子孫興旺之意。 ・驅邪之意，「瓦」的台語發音近似「邪」之音，跨越烘爐代表新娘去除過去不佳之意。
蘋果、柑橘、湯圓	・蘋果、柑橘：代表平安，以紅紙圈於周圍供「拜轎」之用。 ・湯圓：又稱爲新娘圓仔，爲新郎新娘進房後食用及與親戚鄰居分享喜氣之用。
八仙彩、喜幛	八仙彩懸掛於大門；喜幛懸掛於新娘房。
新娘茶禮品	對於前來「食新娘茶」的親友，贈與禮品。
十二版帖	爲了表示對新娘家的尊重，新郎需以十二版帖邀請岳父及女方舅舅赴喜宴。
檀香、茉草	趨吉避邪之用。
紅紙或紅布	封鏡之用；古人認爲鏡子爲陰陽之通道，鏡子會吸陽聚陰，爲避免新人被干擾，因此封鏡四個月後再取下。

女方應備物品表列

緣粉、緣錢	即鉛錢、鉛粉，表示結緣之意（參閱婚禮流程第 9 點）。
吉祥品	五穀（豐盈）、桔子（吉利）、稻穗（部分習俗插在新娘頭上，代表福氣、財富與子孫滿堂）。
扇子	將摺扇綁紅包，用於擲扇之用，當新娘車啓程，新娘擲扇，代表丟掉壞脾氣。
青竹	連根帶葉的青竹，取竹子有節之意，代表新娘的清白節操，竹子的青綠色，亦有代表夫家有福健康之意。
甘蔗	連根帶葉的甘蔗，有生生不息之意，於歸寧日帶回夫家。
多子孫意涵備品	木炭、烘爐、芋頭、蓮蕉花、石榴、桂花。
帶路雞	古俗取約 2 ～ 3 個月大的公、母雞一對，結婚時帶至夫家，現今則以塑膠製替代活體雞。
子孫桶	又稱爲尾擔，古俗中尾擔排在迎娶隊伍最末故稱之。臉盆、水桶、尿桶由紅布包裹，子孫桶涵蓋生活日常備品，有養育子孫之意，挑子孫桶者必須是富、貴、才、子、壽「五福」具備者。
舅仔燈	又稱新娘燈，爲紅色的宮燈一對。「燈」與「丁」閩南語同音，有「添丁」的含意。
歸寧備品	紅圓、米糕、回禮桃。

春仔花

春仔花是祈福、喜事的象徵，不同的造型，有不同的含義。春仔花的「春」取自台語的諧音「剩」，代表年年有餘的意思。

（圖片來源：雲雨藝術工作室）

八卦米篩

傳統婚俗中，結婚當天新娘的地位比誰都大，但不得與天公爭，因此畫有八卦的米篩，可以在結婚之日保護新娘，避邪防煞。還有一說是「米篩」的「篩」台語發音近「胎」，有俗諺：「帶米篩進門，生兒會滿米篩」，有多子的寓意。

帶路雞

婚禮習俗裡，新娘要帶著象徵「起家」的雞到新家庭，一如俗語所說：「帶路雞，新娘好起家」。傳統會使用活雞，現在通常製成水晶、黃金、琉璃或 DIY 縫製。

（圖片來源：光和盆子）

婚前祭拜

01

結婚前一天，男方家應敬拜天地、祭祖，告知即將辦喜事，以求順利圓滿。

睡新床

02

結婚前一晚，新郎請小男孩滾新床，並與小男孩共眠，以期婚後早生貴子。

迎親

03

迎親的車輛數取偶數，六輛為佳；隨車人員取吉數。

抵達

09

女方在入門前先將緣粉交由媒婆，抵達男方家後，媒婆會先將一小部分緣粉放於新娘掌心，並於新娘車四周灑緣粉，說：「人未到、緣先到」。由男方家的小男童捧著裝盛橘子或蘋果的喜盤迎接新娘，新娘贈與紅包，此儀式稱為拜轎。新郎與媒人先行下車，新娘由好命婆或媒人攙扶下車，新郎新娘入門後，媒婆沿途由廳堂、新房、廚房灑緣粉，並灑一點在親戚朋友身上。緣粉必須要留一點於儀式後與緣錢放於門楣、新房，代表有餘之意。

入門儀式

10

新郎新娘跨越門檻後，新娘先踩碎瓦片後再跨越燃有木炭的烘爐，進入廳堂祭祖。祭祖儀式由新郎舅舅或者主婚人主持，祭拜祖先後向父母行禮，新郎與新娘面對面行三鞠躬禮完成拜堂儀式。

進新房

11

新郎、新娘坐於鋪有新郎長褲的座椅，代表夫妻同舟共濟、一體同心之意。新郎掀起新娘頭紗，兩人食用湯圓、桂圓等具吉祥涵義的甜食。

奉茶

12

禮成後，新娘透過奉茶儀式認識親戚，代表已入門成為家庭成員。

請新郎

04

女方請男童端著放有蘋果或橘子的茶盤請新郎下車，新郎贈與紅包後隨即進入女方家喝茶。

姊妹桌

05

新娘於新郎抵達前與家人吃姊妹桌，姊妹桌的菜色具有喜氣意涵：菜頭（好彩頭）、芹菜（勤儉持家）、韭菜（長長久久）、魷魚（孩子好養育）、芋頭（新娘有好頭路）、豬肚（子孫出色）、肉丸（子孫中狀元）、紅棗（年年好）、魚（有頭有尾、年年有餘）、豆子（長壽）、冬瓜（財富大發）、雞（起家），共十二道。

討喜氣

06

新娘的好姊妹在新郎進新娘房前會設下關卡，新郎過關後方可入房娶新娘，現今常有諸多遊戲要求新郎完成方過關，新郎過關後需贈與新娘好姊妹紅包。

辭行

07

新娘、新郎對女方家長行跪拜禮，感謝父母的養育之恩。禮成後，由父母為新娘蓋頭紗。

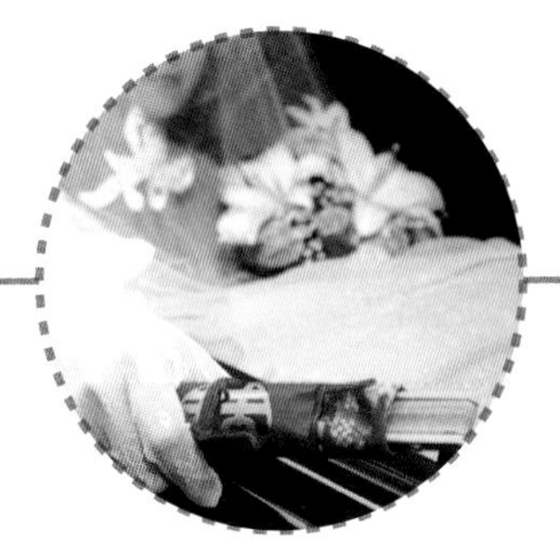

啓程

08

長輩以米篩或黑傘為新娘遮天、新郎攙扶新娘進入禮車，禮車啓動隨即新娘擲扇，由女方主婚人潑水（嫁女如潑出之水，覆水難收，不改嫁之意），擲出的扇子由女方家晚輩拾起。

見面禮

13

結婚隔天，新娘向直系與旁系親屬問候，準備見面禮如：男性皮夾、女性手帕、飾品等；第三天起由小姑或妯娌介紹環境，完成「成婦之禮」。

歸寧

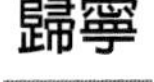

14

結婚後第三天，新娘準備具吉祥象徵禮品，如：蘋果、橘子等回娘家，女方準備歸寧宴，於宴席中介紹新郎與旁系親屬，新郎完成「成婿之禮」。第一次歸寧，新娘不可於娘家過夜，必須在傍晚之前返回夫家，且娘家應備甘蔗、雞、米糕為禮品，讓新娘帶回夫家。

臺灣的婚紗產業

產業文化

早期約於民國五、六十年，在準備結婚這件人生大事時，新人們通常會先到禮服店租借白紗，結婚當天新娘再前往美容院化妝做造型，隨即返家等待新郎迎娶，再前往照相館拍攝結婚照。民國八十年間攝影業者開始整合周邊產業，將禮服租借、化妝造型、新娘捧花、喜帖、禮車等連結，創造出一條龍的服務，締造了臺灣特有的婚紗產業，甚至影響對岸及東南亞的華人世界。自此，對於臺灣人或多數華人而言，結婚前要先拍婚紗照，訂婚、結婚當天需要更換 1-2 套禮服成為了必要婚禮流程。臺灣提前拍攝的婚紗照，可說是獨步於全球的「臺灣製造」（Made in Taiwan），婚紗照已被公認為臺灣文化特色，婚紗業可說是指導著消費者，甚至整個社會該如何辦婚禮與拍照（李玉瑛，2004）。

大約在 2004 年，新娘秘書（新娘彩妝造型師）客製化服務的特質成為新娘結婚時的良伴，新娘化妝造型業在婚紗產業高度的發展下更成熟且自成一格。市場需求及更高利潤的追求下，新娘化妝造型不再附屬於婚紗產業，而是獨立為新娘秘書，並成為結婚歷程裡不可或缺的角色。

新娘造型師的角色

隨著時代演變，現今婚禮的流程相較古禮已從簡許多，在國際化與時尚流行的影響下，婚禮細節趨向豐富多元。此時，結婚的新人便需要婚禮顧問來協助規劃，並達成新人對婚禮的要求。婚禮顧問的服務範圍可從求婚至婚禮後的蜜月行程，舉凡喜餅、場地佈置甚至結婚禮服等，大大小小的需求，皆可列入其服務項目中。嚴格來說，婚禮顧問便可視同新娘的貼身秘書。但現今大眾慣稱的「新娘秘書」，其實是新娘造型師，其在婚禮的工作是為新娘做彩妝、髮型設計，故應以「新娘造型師」稱之較為妥適。

新娘造型師的工作

新娘造型即指新娘的化妝、髮型、飾品搭配，以現今婚禮流程而言，訂婚時需有兩套造型，分別在行文定之禮（奉茶、戴戒指）以及宴客；結婚時至少三套造型，分別於迎娶、宴客敬酒及送客。新娘造型師的任務是為新娘塑造彩妝髮型，並依照禮服樣式搭配適當的配飾，在婚禮進行中關注新娘造型的狀況，以維持造型的最佳狀態。

新娘造型前的準備

多數準備步入禮堂的新娘對於婚禮的造型籌備常手足無措，此時造型師便是新娘最佳的諮詢者，若能主動提供新娘婚前頭髮、皮膚養護的相關資訊，除了能增進服務品質外，更能建立良好的顧客關係，以利未來造型接案的延續。

一般而言，新娘會面臨 3 次或 3 次以上的造型設計，爲了塑造豐厚華麗的髮型與美麗的頭髮流線，刮髮、造型的整塑是造型期間的必要歷程。由於每個人的頭髮條件不同，如頭髮的質量、髮色、捲曲度等，均會影響造型的每一個環節，因此在做造型前若能適度的整理頭髮，便能讓造型的型塑過程更順利。以下分別說明頭髮與皮膚的養護重點。

頭髮修整與養護

1. **頭髮修剪：**頭髮的長度應該多長才適合做新娘造型？事實上並無絕對的答案，長髮、短髮均可做造型。就新娘流行與時尚而言，多數新娘造型以盤、編、包、挽等方式呈現，即俗稱的新娘包頭。一般而言，頭髮長度過肩至肩胛骨下方約 10 公分，爲新娘造型時的最佳長度，髮量過多或過長對於造型師而言是棘手的問題，適度的修剪長度、厚度並賦與頭髮層次，是新娘造型前的功課。

2. **頭髮整燙：**髮型的流線是表現髮型的要素，而成就柔美的流線關鍵在於頭髮的彈性與捲度。健康的原髮縱然經過電棒或電熱捲的塑型，依然會在短時間內失去捲度而復原爲直髮，亦即頭髮愈健康就愈難以駕馭。因此新娘於婚前可依個人的喜好適度修剪頭髮或將頭髮燙捲，以利完美的髮型線條展現。

3. **髮色調整：**東方人的髮色多爲深褐色，相較於西方人的淺髮色較不易展現出頭髮的設計線條，要求完美的新娘可考慮減輕髮色，豐厚華麗的新娘造型搭配淺色調的髮色，可使整體視覺感華麗且輕盈。由於髮色亦會影響膚色的表現，暖膚色者可考慮冷色調的髮色以避免膚色變得更暖或髒，而冷膚調者則可依個人喜好挑選髮色，較不受冷色或暖色調的限制。

4. **頭髮養護：**爲成就華美的新娘造型，頭髮歷經修剪、整燙、漂染、刮梳的試煉後，分岔、斷髮、乾澀的狀況必相繼而至，使用任何的護髮模式均可，僅需堅守「持續」原則，在養髮的同時也別忘了頭皮養護十分重要，畢竟擁有健康的頭皮才有健康的頭髮。

臉部皮膚的養護

健康良好的皮膚是新娘美妝的基本要件，乾燥或油膩的皮膚狀態都將影響彩妝的效果，適度的保養能增進皮膚的健康，錯誤或過度的保養對皮膚反而是負擔。皮膚的保養首重清潔，而清潔的基本應從如何洗臉著手。依據單純洗臉與卸妝的不同，所使用的清潔用品及效果也不同。

1. **清水洗臉法：**炎熱的夏季裡常以清水潑灑於臉部消除暑氣，然清水洗臉可洗去汗水並爲臉部帶來短暫的清涼感，卻無法洗去皮膚表面的汙垢，且反覆於臉部噴灑水分其實無法增進皮膚的保濕度，反而會因爲殘留皮表的水分在被空氣蒸散的同時，將皮表的水分帶離，使皮膚容易變得乾燥。

2. **濕巾、濕毛巾擦拭法：**其功能與前述的清水洗臉法大同小異，不同之處在於擦拭過程中容易刺激皮膚，且濕巾中的酒精成分會刺激乾燥與敏感性皮膚，造成皮膚的不適感，甚至產生過敏現象。

3. **洗面皂、洗面乳洗臉法：**洗臉時大量的泡沫與清水能帶走皮膚表面的油垢與髒汙，但無法完全卸除彩妝品，此種洗臉方式較適用於未使用隔離霜、BB 霜及未化妝者。

4. **潔膚乳、油卸妝法：**乳、油狀的卸妝品能溶解皮表的化妝品、油垢，適用於化妝者或澈底清潔皮膚時使用。專家們曾提及：「不化妝也要卸妝」，其原因是皮膚的皮脂腺會因應人體需求分泌皮脂到皮表，以保持皮膚的柔軟與濕度；皮膚的潔淨與否則因環境與個人習慣而異。因此，欲達良好的清潔狀態，卸妝是必要的程序，並於卸完妝後再使用洗面乳保持皮膚的清爽。

妝前保養

化妝前「極簡」的保養法能讓底妝處於最佳狀態。極簡的定義是妝前的保養簡單扼要即可，切勿如同夜間保養般層層加附於臉上，形成沉重的負荷而導致脫妝的可能。「保濕」是妝前保養相當重要的工作之一，清爽的保濕霜、乳液或妝前修飾乳是化妝前保濕工作的最佳選擇。化妝前先用化妝水拭去臉部的油脂或汙垢，選擇單一的乳或霜提升皮膚的濕潤度並讓皮膚表面油脂均衡，以利底妝的進行。

STEP…

臉部清潔 →化妝水
→ 單一項保養品或防護品

妝後保養

所謂的「黃金美容時間」指的是晚間 10 點至隔天清晨 2 點，若能把握在黃金時間入睡並有好的睡眠，皮膚就能進入良好的自我修復狀態，而此時也適度的做好晚間保養，則有助於健康皮膚的促進。

STEP…

卸妝 → 清潔 → 化妝水 → 精華液 → 眼霜 → 晚霜

造型前的先備知識

造型工具介紹

刮梳

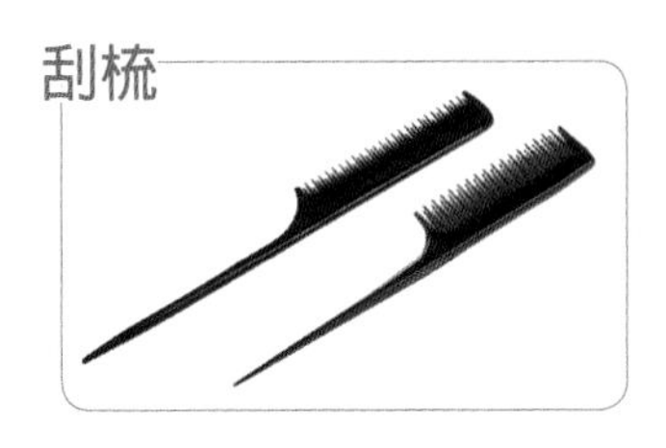

長、中、短的梳齒有助於刮髮工作進行。

S 梳

取其造型而得名，梳子爲塑膠纖維或動物鬃毛，爲梳亮或梳開頭髮之用。

電熱捲

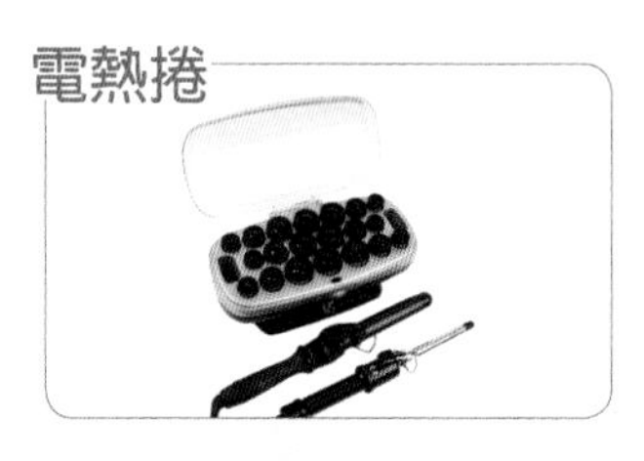

取施用於乾髮，塑造頭髮捲曲與弧度。

玉米鬚夾

施用於乾髮，爲增加頭髮膨鬆度與增進刮髮阻力之用。

髮棉

填充、增加髮量。

鴨嘴夾

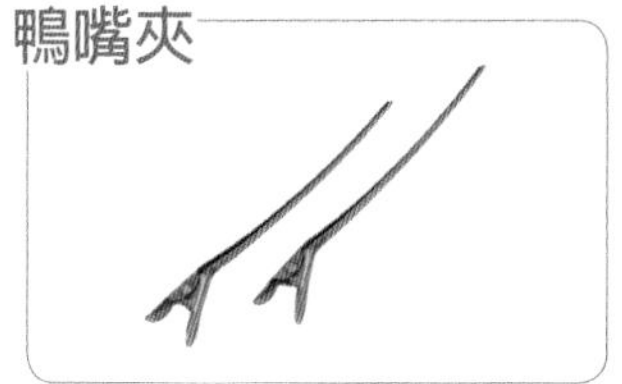

分區固定或造型之固定。

髮夾

固定頭髮。

U 型夾

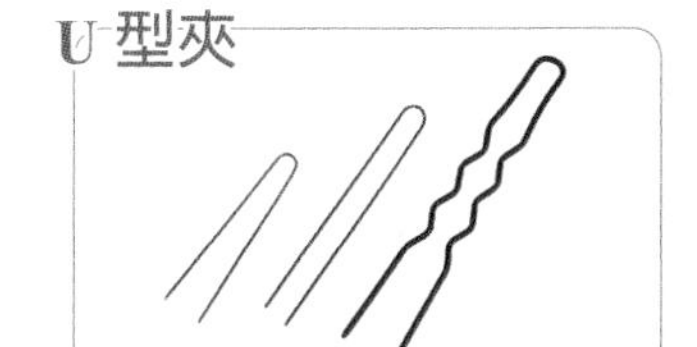

固定頭髮。

定型噴霧

相較於定型液，定型噴霧的濃度較低，變換造型時髮型不至於糾結，固定效果佳。

頭部基準點

構成萬物的最小單位是「點」，點與點連結成線，線與線連結構成了面。頭髮造型的養成初步必須先認識頭部各點，以利造型時分線或分區之應用。

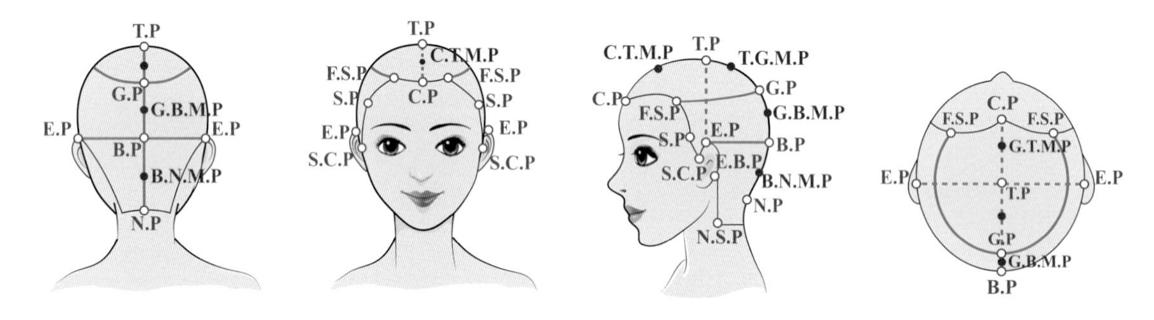

名稱	英文原文，代號	位置說明
中心點	Central Point，C.P.	位於鼻頭正上方，即美人尖的位置，並不是每個人都有美人尖，所以鼻尖是尋找中心點的最佳標的。
頂點	Top Pint，T.P.	頭頂部點。
黃金點	God Point，G.P.	接近髮旋的位置。
後部點	Back Point，B.P.	耳點向後頭部方向延伸，近枕骨的位置。
頸部點	Neck Point，N.P.	枕骨下方，頸部髮際線處。
側角點	Side Corner Point，S.C.P	耳點前方之鬢角處。
耳點	Ear Point，E.P.	耳朵上最高點。
耳後點	Ear Back point，E.B.P	耳朵中段處。
頸側點	Neck Side Point，N.S.P.	頸部髮際線側角處。
前側點	Front Side Point，F.S.P.	約位於眉峰上方。
側部點	Side Point，S.P.	F.S.P. 與 S.C.P 之間，約於眉尾延伸處。
中心頂部間基準短	Central Top Middle Point，C.T.M.P.	中心點與頂點之間。
頂部黃金間基準點	Top Golden Middle Point，T.G.M.P.	頂部與黃金點之間。
黃金後部間基準點	Golden Back Middle Point，G.B.M.P.	黃金點與後部點之間。
後部頸間基準點	Back Neck Middle Point，B.N.M.P.	後部點與頸部點之間。

髮型分線的種類

頭髮的分線會影響髮流的方向，進而影響造型的整體感，所以如何分線非常重要，以下介紹分線種類：

中分線

中心點連接至頂點，此法多用於復古或可愛的造型分線。

側分線

前側點向後方延伸，造型中最常見的分線法。

不分線

部分線的髮型多為後梳的髮型。

斜側分線

眉峰向上延伸點與頂點連接，相較於側分線，造型變化更活潑。

三角分線

前側點與頂點連接形成三角區，並以此區進行造型變化。

基礎彩妝步驟

本書以新娘造型設計為主軸，為協助初學者了解新娘彩妝的歷程，下面簡要介紹基本的彩妝步驟。

1. 粉底

選擇趨近於新娘膚色粉底來修飾膚色。

2. 修容

使用冷咖啡色系修容餅，修飾出立體的五官與臉部輪廓。

3. 眼影

確定彩妝主色。

4. 眼線

選擇具防水功能的眼線用品。

5. 眉毛

描繪眉毛的顏色應接近髮色較爲自然。

6. 睫毛

裝戴睫毛前應先夾翹睫毛、刷睫毛膏後再行。

7. 腮紅

腮紅除能賦予肌膚良好的氣色，亦有修飾臉部立體感的功能。造型表現甜美感，腮紅可刷成偏圓弧；造型表現立體感，腮紅則應刷於顴肌之上。

8. 唇色

唇色表現應與服飾搭配，穿著白紗宜選擇柔美的顏色以襯托新娘純淨高雅之感，更換爲晚禮服時，唇色亦應配合服裝的色調修飾。

整髮

如何讓頭髮臣服於造型師？

透過專業技巧與工具可讓頭髮順利成型，然而，這是暫時性的，它可能在電棒或玉米鬚塑型工作結束後，悄悄地恢復原形。爲了避免在最忙碌的時刻白忙一場，使用相關整髮技巧與工具之前，善用美髮塑型商品能讓頭髮臣服於造型師。

1. **美髮塑形乳：**取適量於手心，搓勻、塗抹於髮根、頭髮，以增加阻抗力，有利於刮髮與波浪塑型。
2. **髮蠟：**塗抹於髮片表面，增加光澤感。
3. **定型噴霧：**俗稱「髮麗香」，造型行前適量噴於頭髮後再塑型或固定髮型之用。

「整髮」是一項造型前相當重要的工作，所謂的整髮即是透過造型工具與操作技巧來整理頭髮，以達到「適當的造型條件」。所謂適當的造型條件即是造型師能夠透過整髮克服顧客本身頭髮的問題，例如髮量不足或過多、頭髮塌、健康髮、髮質太糟……這些狀況均會影響頭髮的塑形。造型師透過觀察顧客頭髮的質量、彈性及流向，選擇適當的整髮方式，爲造形工作做最佳準備。

接著，可利用電熱捲、髮筒、空心捲、手指捲、電棒、玉米鬚夾或吹整等工具與方式，達到下列功能：

1. **改變頭髮的流向：**「髮流」即毛髮的角度、生長的方向，髮流會影響頭髮的方向。
2. **增加頭髮的蓬鬆度：**頭髮生長自毛囊，毛囊角度偏低時，頭髮會較服貼於頭皮，當毛囊角度偏高時，頭髮會較蓬鬆。
3. **塑造頭髮的捲曲度：**透過上述工具的使用法，可塑造頭髮不同程度的捲曲度。

02

信手拈來 · 編結巧思

「束髮受書」爲漢民族屆學齡的孩童必須挽髮成髻，除非出家，否則不可剪去頭髮的蓄髮文化；埃及人懂得將頭髮結綁爲辮，敷上泥土待乾後清除殘泥，使頭髮呈現波浪感，由此可知，東西方對於頭髮編結，各有其文化意涵。若以頭髮編髮的股數爲分類，大致爲單股、兩股（雙股）、三股、四股等多股編。而編結的扭轉技法，亦常用於新娘造型，編結的重點應注意表現出造型的豐厚感，髮束切勿拉太緊、太貼，必須與禮服搭配，蓬鬆豐厚能營造出活力與隆重，過於服貼則易流於俗套。

典雅
浪漫
Classy

造型重點

三股編結是編結技法中最簡單的技巧，髮束編結之餘，透過抽、拉的技巧，塑造自然垂墜感，髮絲看似恣意成型，卻又優美自然。

造型表現

髮型有修飾臉型的功能，本造型模特兒有完美的鵝蛋臉（橢圓型），因此未設計瀏海，讀者可視模特兒條件，透過造型技巧（抽、拉、手推波浪），調整A區的流線範圍，利用曲線瀏海修飾臉型。

假人分區圖

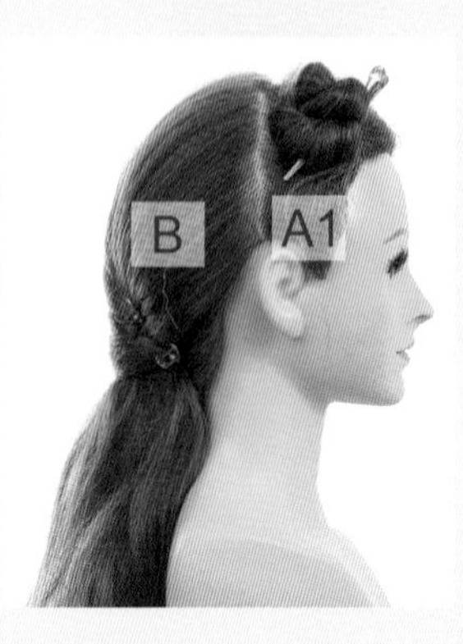

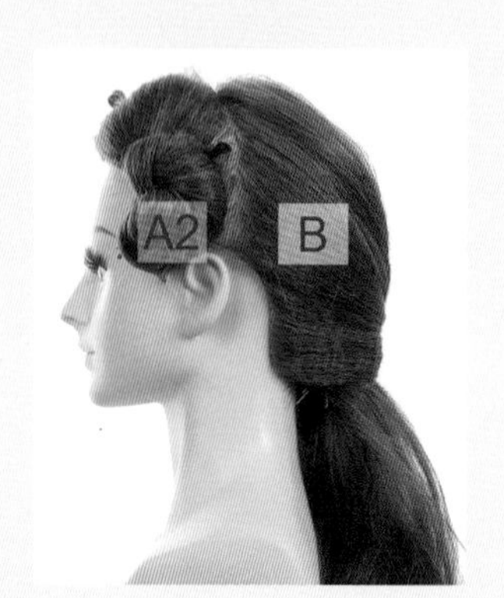

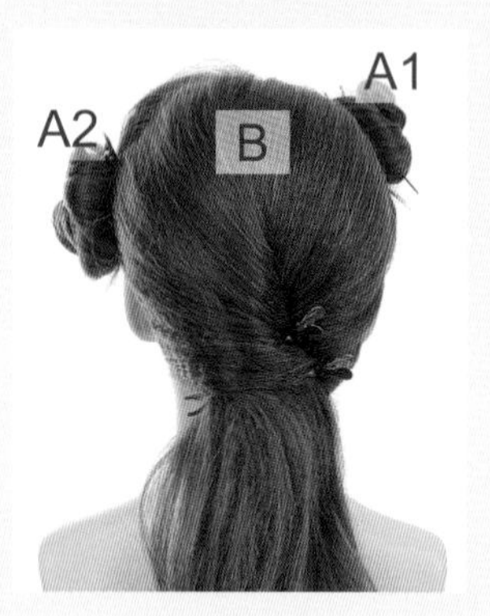

造型技巧

- 刮髮技法：本造型各區皆運用刮髮技巧，刮髮說明參閱（整髮篇 - 造型技巧）。
- 編結技法：A、A1、A2、B
- 抽、拉技法：A、A1、A2、B

假人完成圖

真人完成圖

刮蓬 B 區的頂點至黃金點範圍。

取髮片分三股。

三股加雙邊由上而下編結至枕骨處暫時固定。

從中心將 A 區分爲兩個小區，刮蓬 A1 區。

利用刮梳撐起前額髮片角度。

兩股加單邊向後編結。

暫時固定於枕骨處。

A2 區比照 A1 區完成編結，暫時固定於枕骨處。

魚骨編加雙邊完成髮束。

自然編結

natural

造型重點

生活中的頭髮編結簡單實用，著重於簡單的頭髮整理，達到整齊外觀之目的。當造型有特殊角色（新娘、宴會等）需求時，蓬鬆的髮型能呈現華麗、隆重感，以符合造型目的。本造型融合編結法、抽、拉技巧，在簡單的編結技巧下，創造華美的造型。

造型表現

編結技法是整理頭髮最常使用的方法，常使用於編結小女孩的髮型。編結法的「服貼」或「蓬鬆」的程度會造就不同的風格，例如服貼的編結塑造「雷鬼」風；蓬鬆的編結塑造「宴會風格」。

假人分區圖

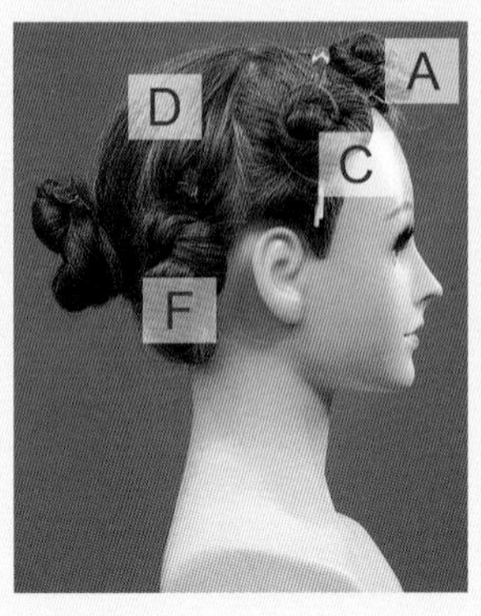

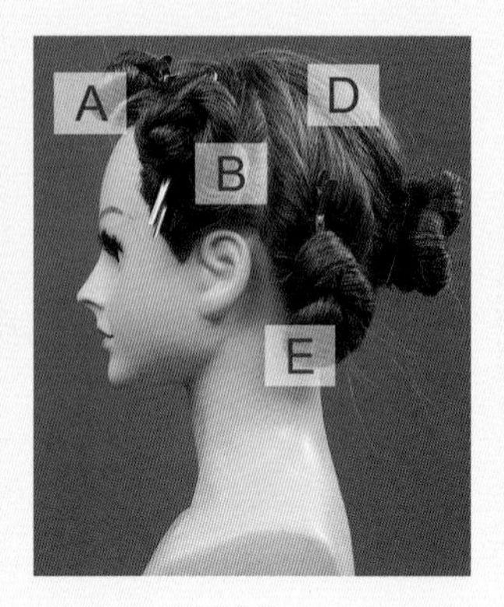

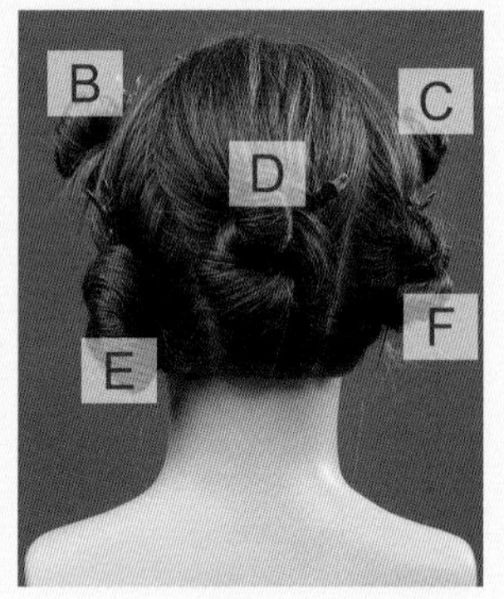

造型技巧

- 編結技法：A、B、C、D、E、F 區
- 抽、拉技法：A、B、C、D、E、F 區

假人完成圖

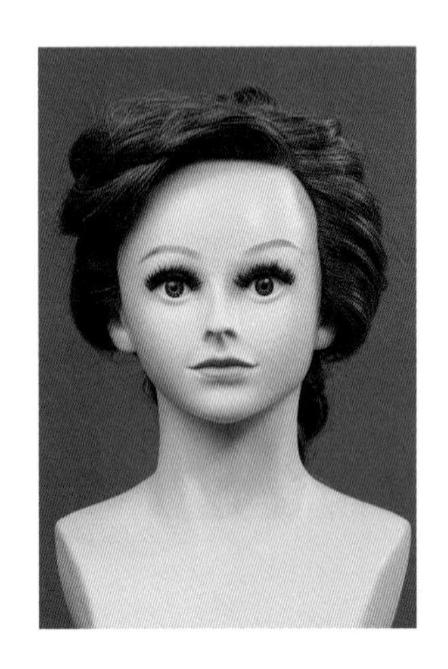

真人完成圖

取 D 區髮束，分成 3 股。

以 3 股加雙邊方式編結，再以抽、拉的方式將完成編結後的頭髮抽鬆。

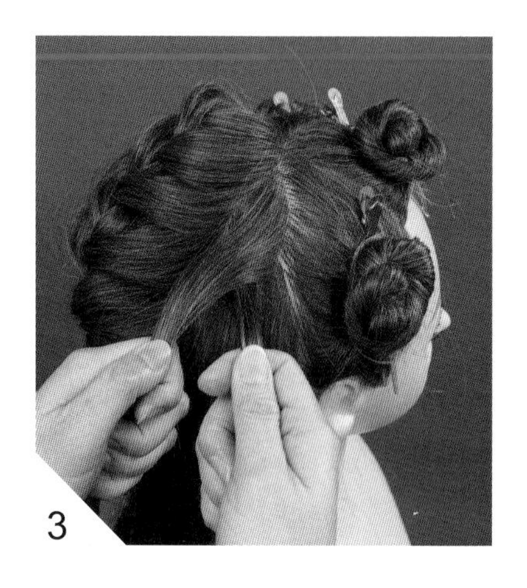

取 F 區髮束，分 2 股。

2 股加單邊方式編結，再以抽、拉的方式將完成編結後的頭髮抽鬆。

取 E 區髮束，分 2 股。

2 股加單邊方式編結，再以抽、拉的方式將完成編結後的頭髮抽鬆。

取 C 區髮束，分 2 股加單邊方式編結，以抽、拉的方式將完成編結後的頭髮抽鬆。

以 2 股扭轉法，將右側 C、F 區的髮尾收至「黃金後部間基準點」G.B.M.P。

以 2 股扭轉法，將左側 B、E 區的髮尾收至「黃金後部間基準點」G.B.M.P。

10

使用電棒燙捲剩餘髮束。

11

取 2 股髮片，以魚骨雙加邊法編結。

12

以抽、拉的方式將完成編結後的頭髮抽鬆。

13

取 A 區，2 股扭轉加單邊法編結。

14

利用梳子撐出 A 區弧度。

15

理順髮尾，固定成型。

黑色
搖滾
Rock style

造型重點

編結技法為本造型的操作重點，透過兩股編結以及抽、拉技法，創造出蓬鬆、捲曲的視覺效果。

造型表現

了解造型目的方能進行造型設計，「分區」是造型規劃重要步驟。龐克風格造型的主視覺表現集中在前額、頭部中段的塑型，除此之外，側面的髮型表現亦是重點，透過捲曲的髮絲呈現時尚與桀傲不遜感。

假人分區圖

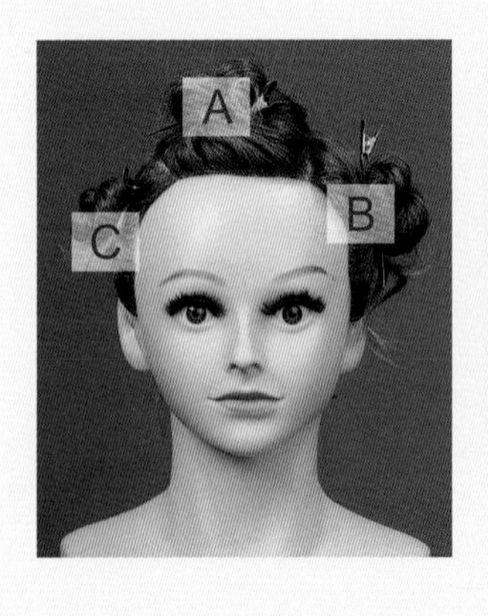

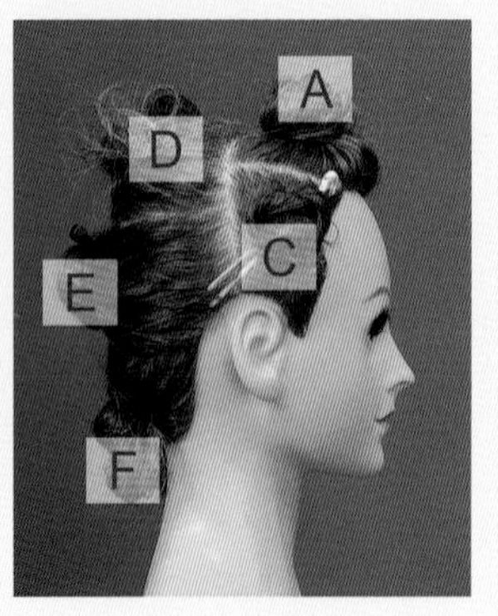

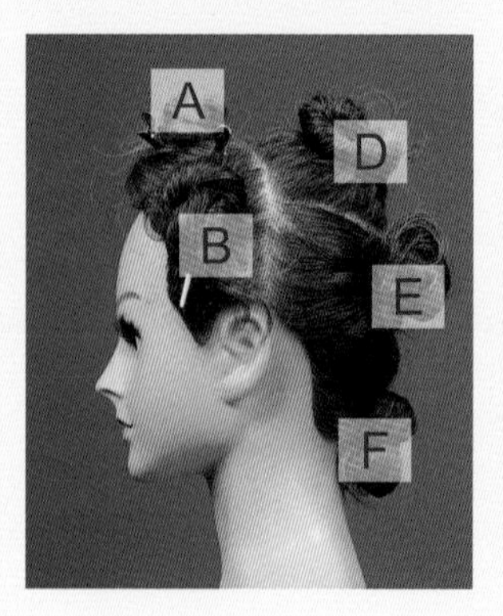

造型技巧

- 刮髮技法：本造型各區皆運用刮髮技巧
- 編結技法：A、B、C、D、E、F 區
- 抽、拉技法：A、B、C、D、E、F 區
- 扭轉技法：C、B 區

假人完成圖

真人完成圖

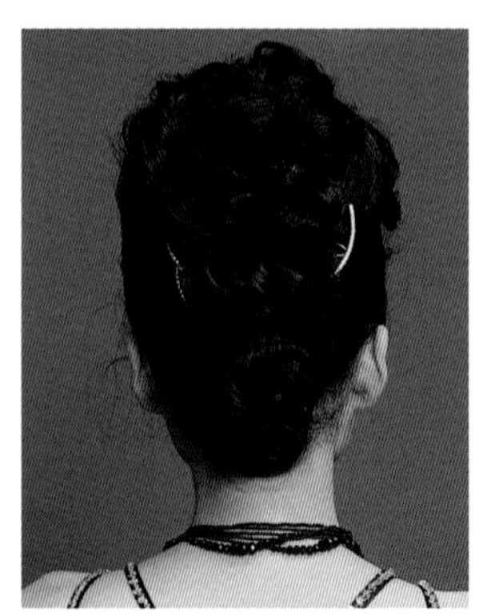

取 D 區髮片，刮膨。

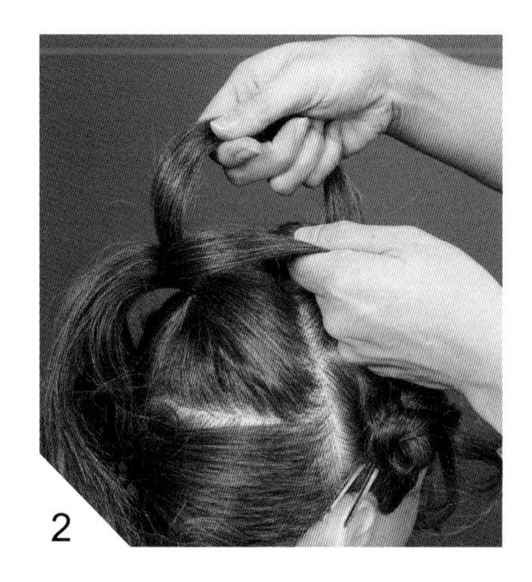

分兩股。

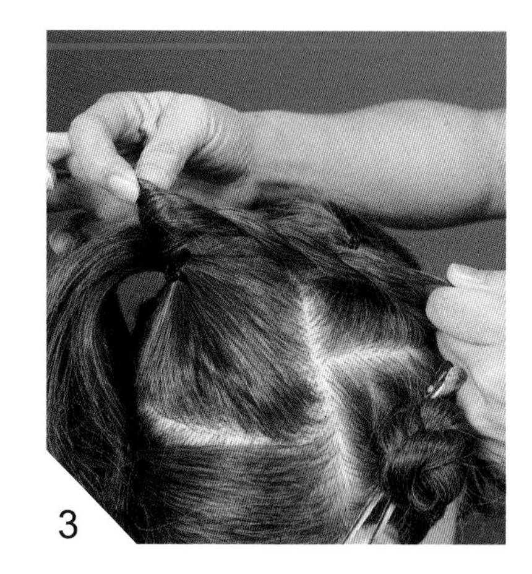

兩股編結，以抽、拉的方式讓頭髮蓬鬆。

A 區重複 D 區動作，完成後用定型液固定。

刮膨 B 區，梳順。

扭轉，固定於 D 區。

將剩餘的髮束分成兩股編結，編結過程中同時將髮束抽鬆。

刮膨 E 區。

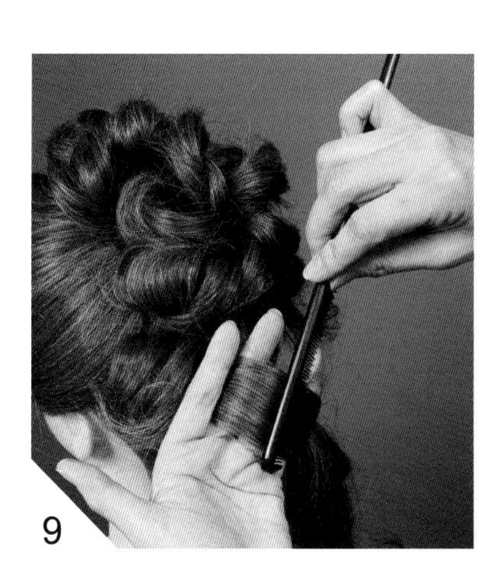

梳順。

兩股編結，以抽、拉的方式讓頭髮蓬鬆。

編結、塑型歷程中，可利用 U 型夾固定。

刮膨 C 區。

梳順。

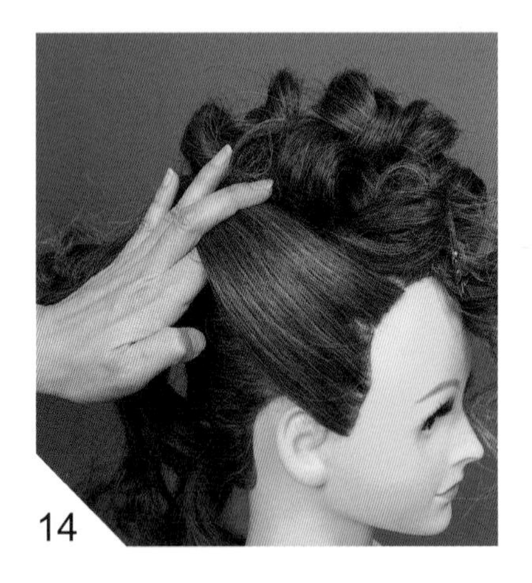

扭轉。

固定於 D 區。

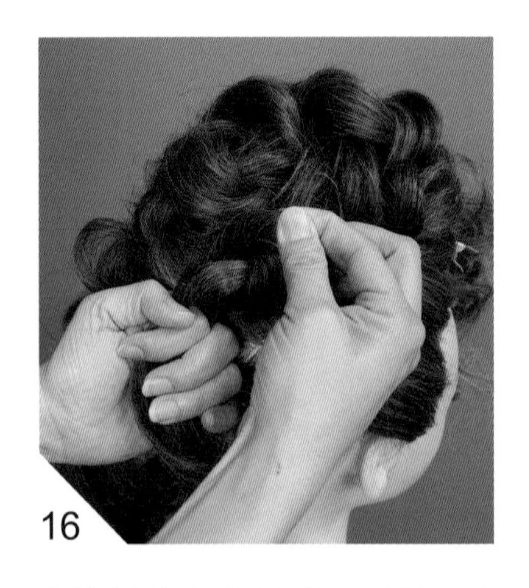

末端頭髮以兩股編結，以抽、拉的方式讓頭髮蓬鬆。

F 區以兩股編結。

以抽、拉的方式讓頭髮蓬鬆。

19

U 型夾固定。

20

A 區剩餘之髮束以兩股編結收尾。

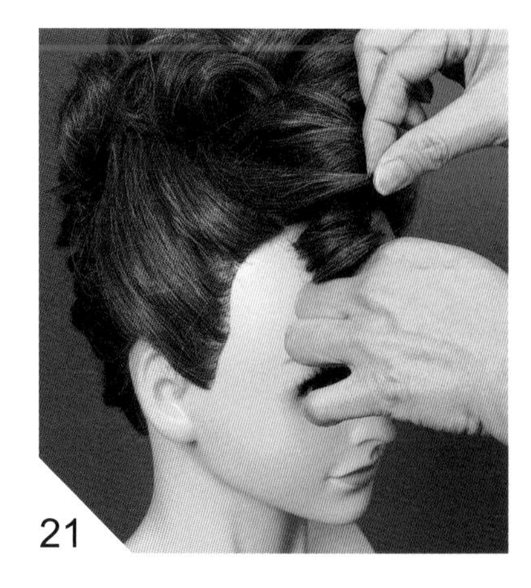

21

以抽、拉的方式使頭髮蓬鬆。

22

定型液塑型。

23

調整髮絲流向。

綠野
仙蹤
The Wizard of Oz

造型重點

編結技法為本造型的操作重點，透過兩股編結以及抽、拉技法，創造出蓬鬆、捲曲的視覺效果。

造型表現

希臘神話故事中，女神的髮型多為捲曲、編結方式呈現，純白、飄逸的衣裙呈現飄逸、浪漫的形象。本造型擷取女神的浪漫元素，透過編結技法呈現捲曲線條，鬢間飄逸的頭髮線條搭配活潑的服飾設計，呈現女神於綠野乍現芳蹤的美好瞬間。

假人分區圖

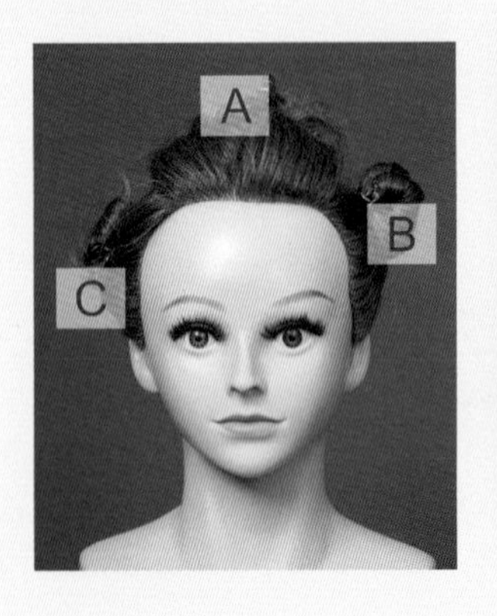

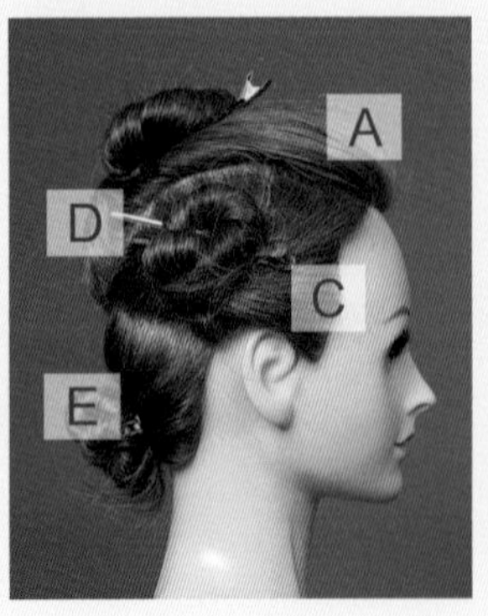

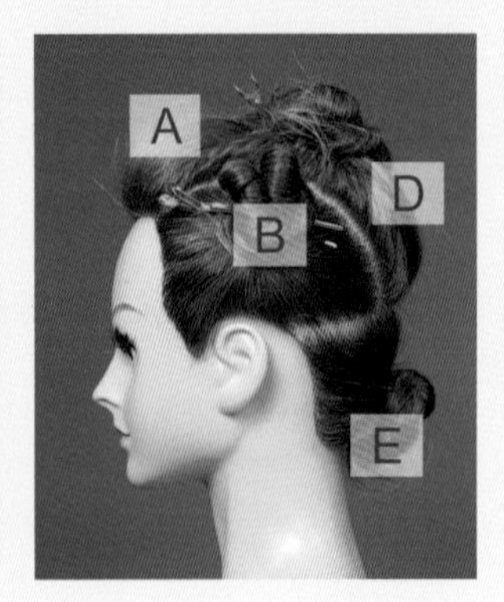

造型技巧

- 刮髮技法：本造型各區皆運用刮髮技巧。
- 兩股編結技法：A、B、C、D、E 區。

假人完成圖

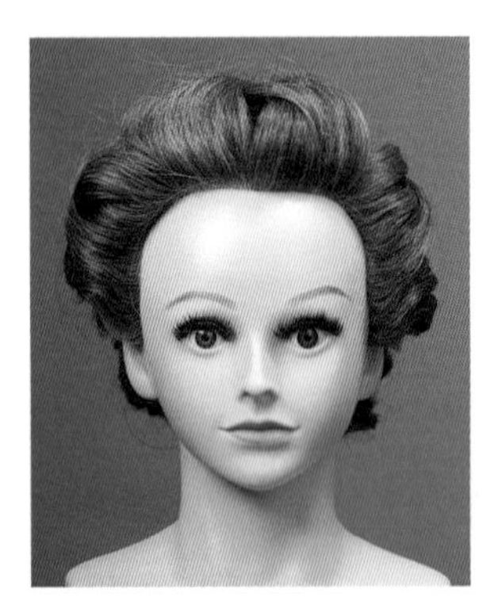

真人完成圖

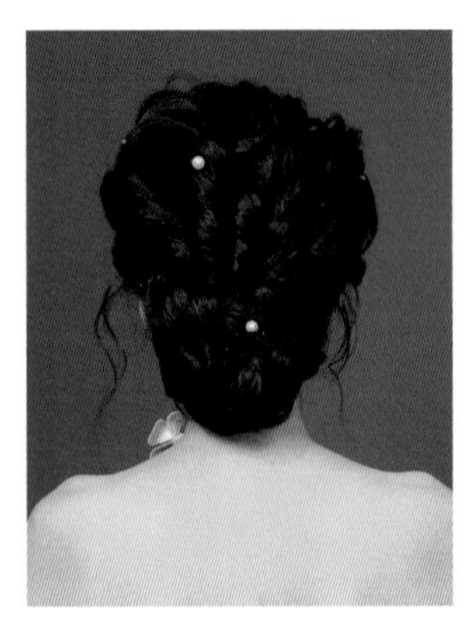

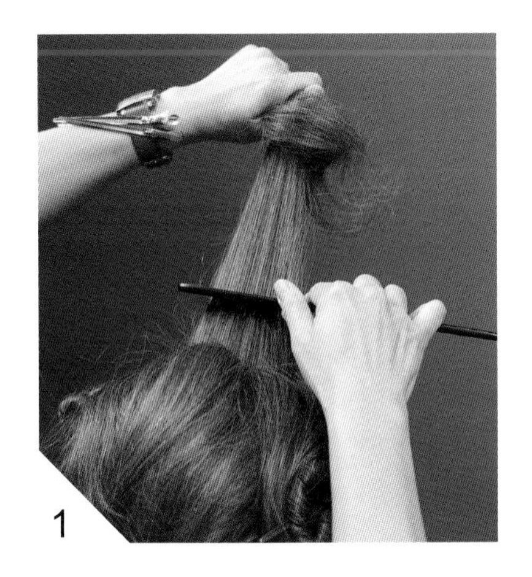

A 區分三股。

編結後固定

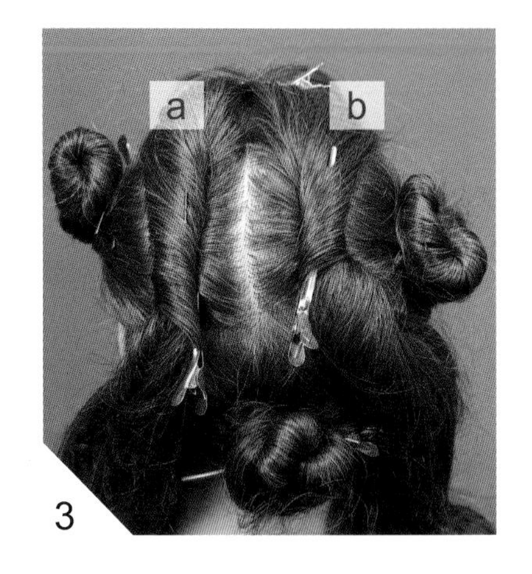

將 D 區分 a、b 部分。

取 b 分兩股加單邊。

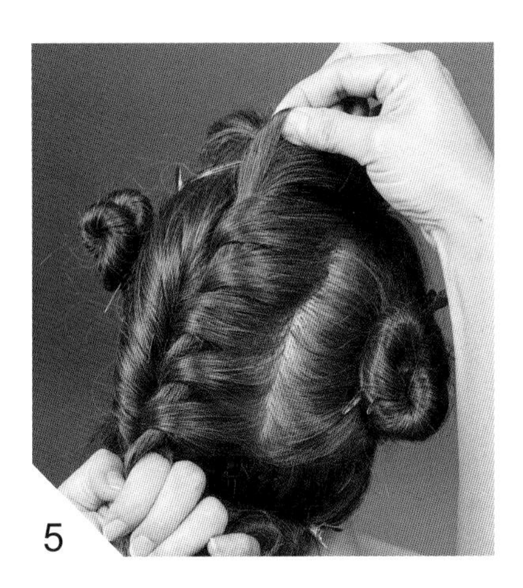

拉鬆髮束。

鴨嘴夾暫時固定。

a 取 b 同作法，使用 U 型夾連結 a、b，減少空隙。

B 區刮膨，取三股編結後，暫以鴨嘴夾固定。

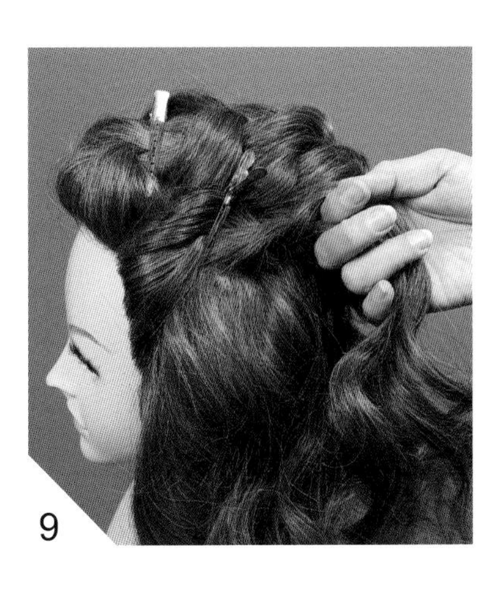

B 區髮束取兩股加單邊編結。

10

編結完畢，鴨嘴夾暫時固定。

11

C 區同 B 區作法，完成後以橡皮筋固定。

12

取 E 區右側兩股編結。

13

編結後，拉鬆髮束，固定。

14

取 E 區左側兩股編結。

15

編結後，拉鬆髮束，固定。

16

剩餘髮束以兩股編結。

17

收尾固定。

18

抽、拉鬆塑型。

個性
爵士

造型重點

A 區為主視覺區，三股加雙股編結時候，髮片挑取的厚度會影響編結後的效果，本造型編結時取髮片略寬，由黃金點向中心點編結後，轉向側頭部編結，因此造型重點在前額與頭部右側，編結後以抽、拉技法呈現膨鬆、立體的線條。

造型表現

三股編結整合髮絲為髮髻，前額為主視覺區，頭法編結後的膨鬆美感順著頭顱的流線延伸，展現個性之美。

假人分區圖

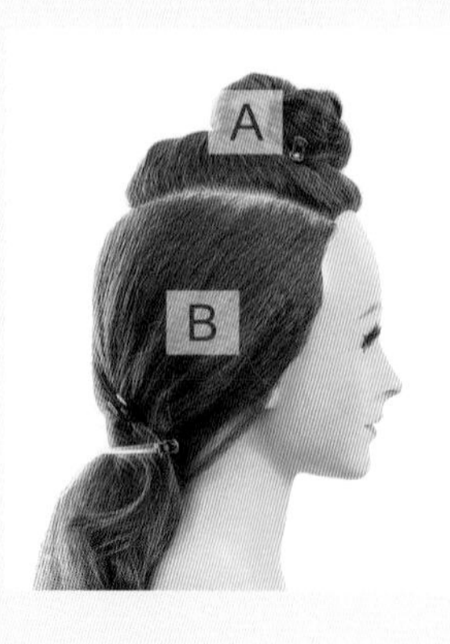

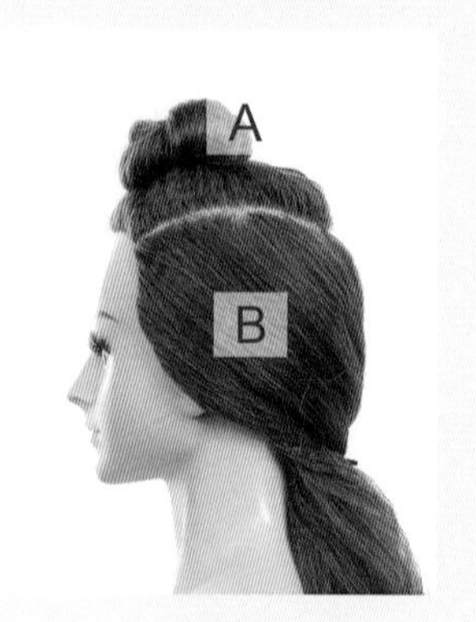

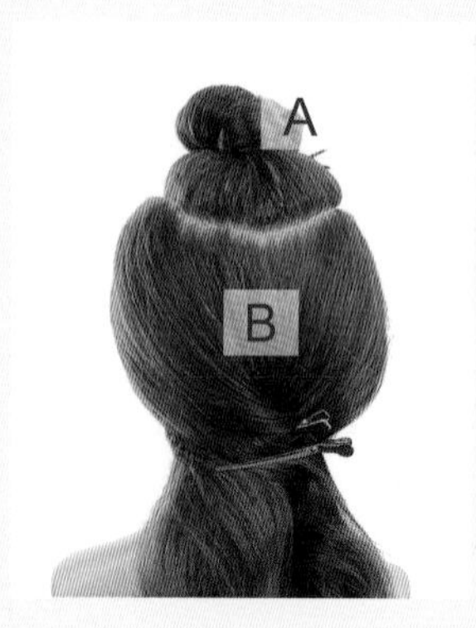

造型技巧

- 刮髮技法：本造型各區皆運用刮髮技巧。
- 三股編結技法：A 區。
- 抽、拉技法：A 區。
- 包覆技法：B 區。

假人完成圖

真人完成圖

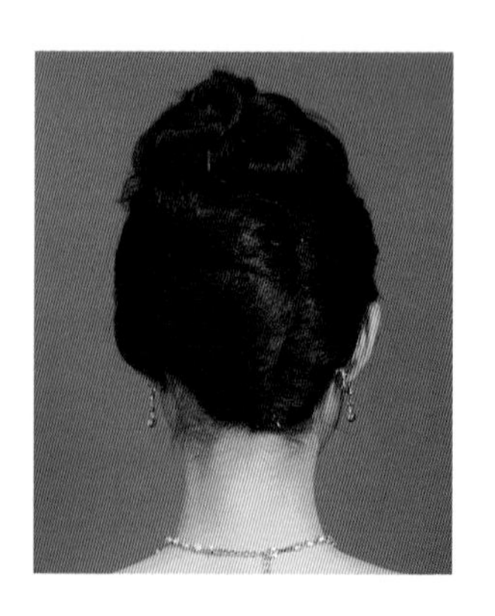

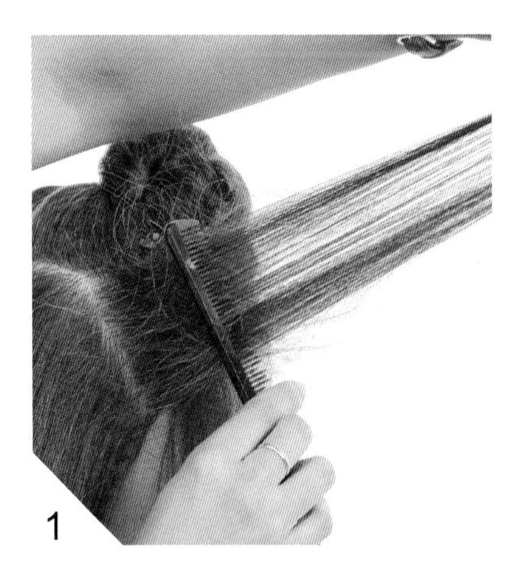

刮膨 B 區。

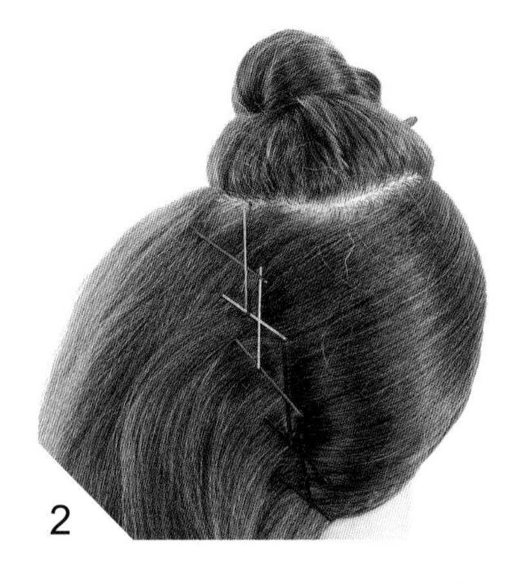

梳順右側後，以十字夾法固定。

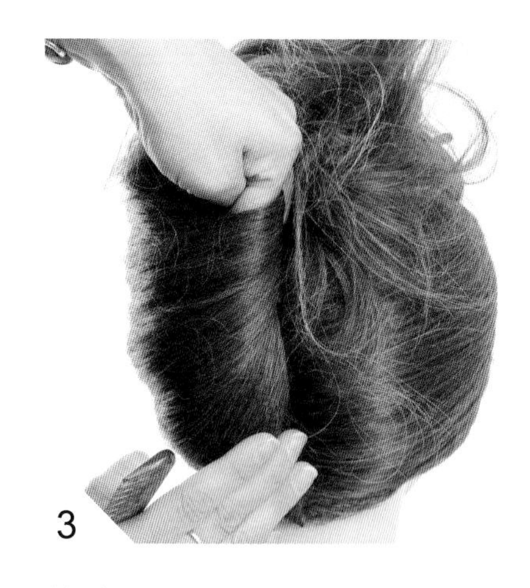

梳順左側後，往中央扭轉成型。

固定好取 B 區髮束向上拉出。

由後往前三股加編。

適時調整蓬鬆度。

編結至眉峰上方，轉往耳朵方向編結。

拉鬆髮辮邊緣，以髮夾固定。

順著頭髮捲度收尾。

03

清新自然 · 時尚扭轉

「扭轉」是新娘髮型的基礎技巧之一，「扭」是將頭髮扭轉出立體弧度和形狀後固定成型。成型後頭髮呈現自然流暢感，能烘托出新娘優雅婉約的感覺。而「轉」則是將頭髮旋轉成髻，最後固定成型，髮型呈現立體飽滿及不規則的自然美。扭轉時需略微將髮絲拉鬆，挑取髮片的量要均勻適中；收尾時需注意隱藏髮尾，並將髮髻牢牢固定，避免散落。

純白
女神
pure white

造型重點

傳統髮型梳理常以刮髮技巧增加蓬鬆度，較缺乏變化與活潑感。扭轉技法可以創造捲曲的效果，操作時再融入抽、拉技法，可創造美麗的捲度與蓬鬆感。

造型表現

曲線為本造型的主視覺，各區髮片經編結及抽、拉技巧的整合，堆疊出髮型外觀，營造出如同雅典女神般的優雅氣質。

假人分區圖

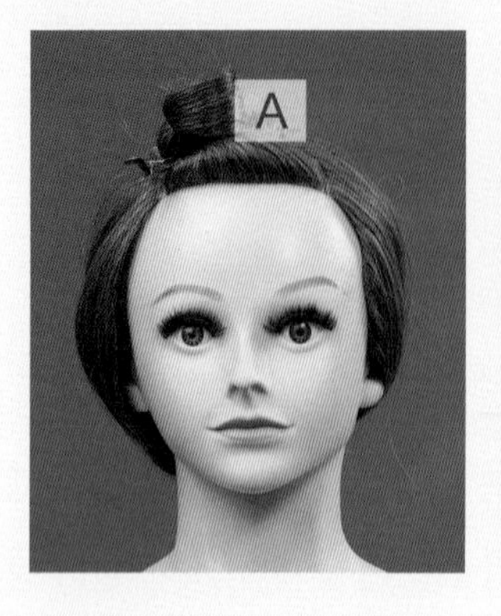

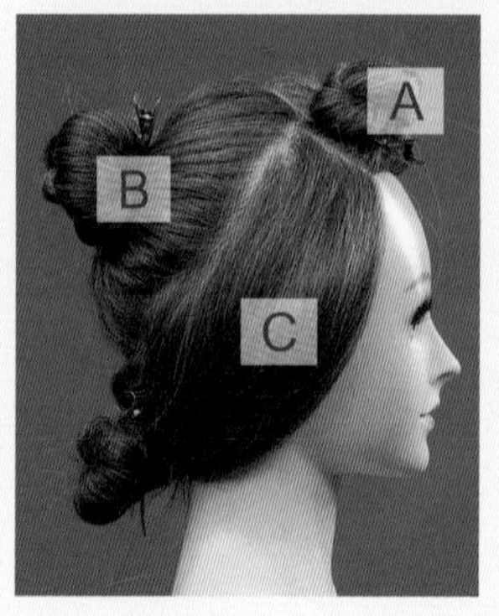

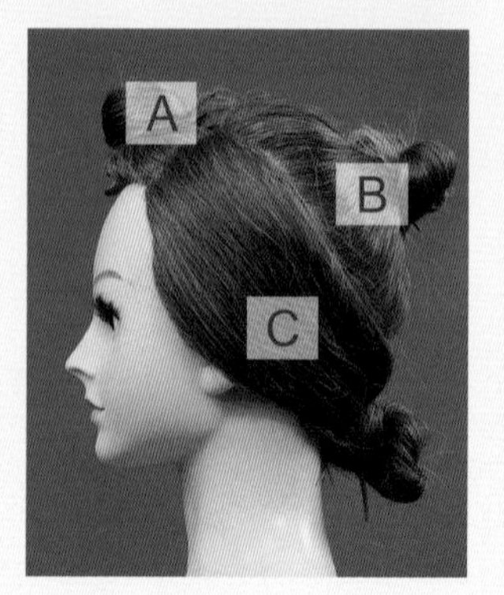

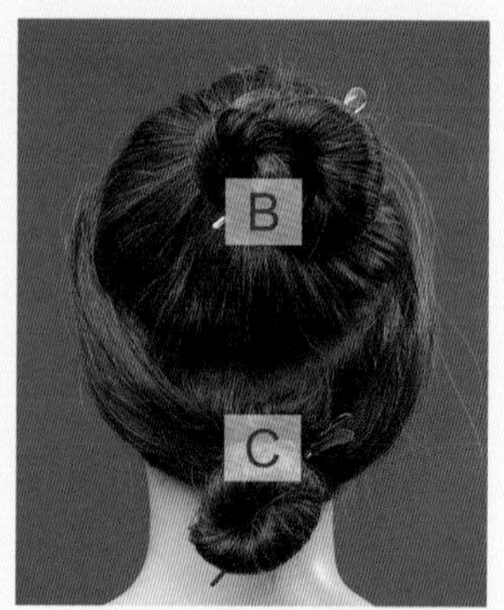

造型技巧

- 刮髮技法：本造型各區皆運用刮髮技巧
- 扭轉技法：A、C 區
- 編結技法：A、B、C 區
- 抽、拉技法：A、B、C 區

假人完成圖

真人完成圖

1

刮膨 A 區。

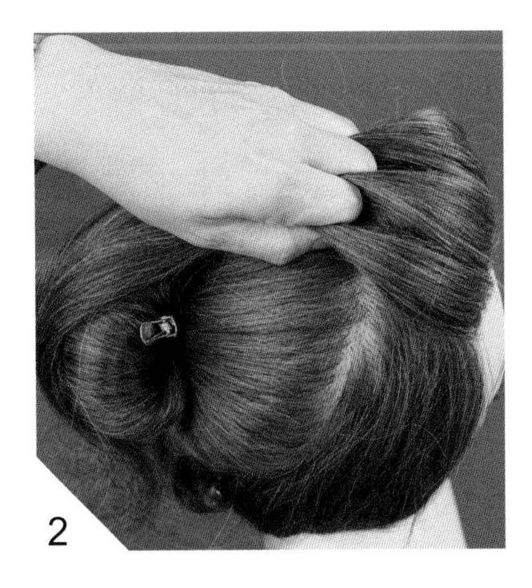

2

A 區分三股。

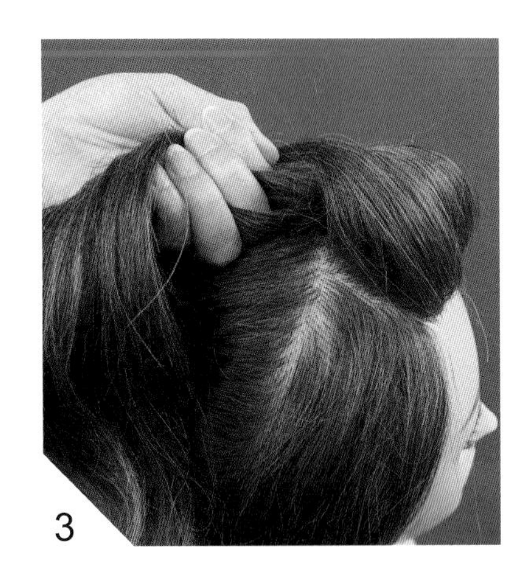

3

扭轉後固定。

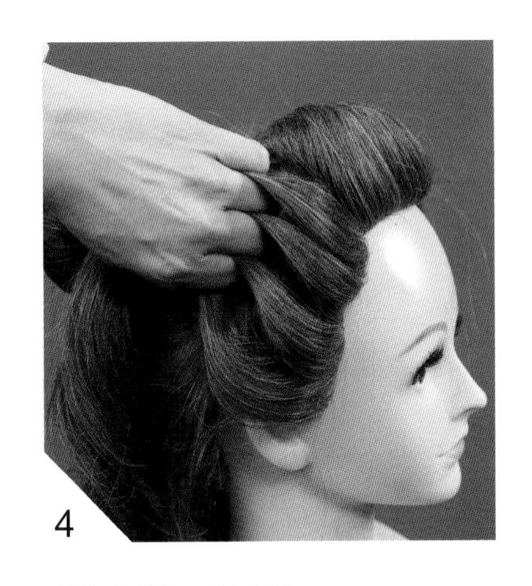

4

刮膨右側，分四股。

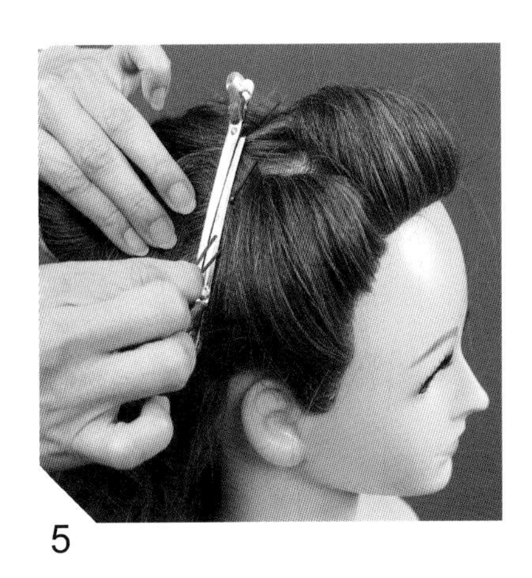

5

扭轉後固定。

6

刮膨左側。

7

分四股，扭轉後固定。

8

以抽、拉的方式減少空隙。

9

抓出線條，以定型液固定。

10

C 區後側髮束分成三等分，刮膨。

11

分四股。

12

扭轉後固定。

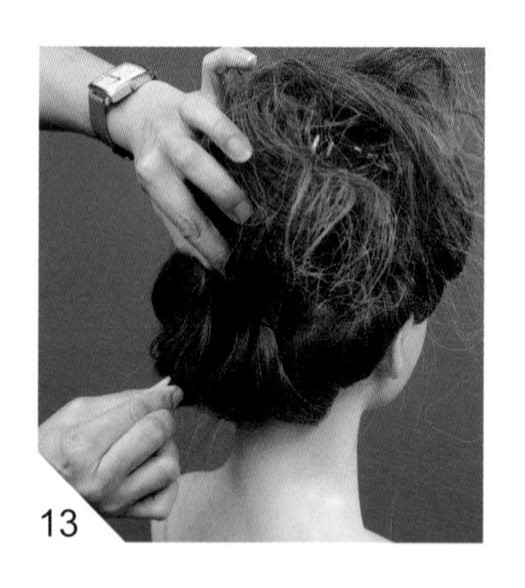

13

依序完成另二區。

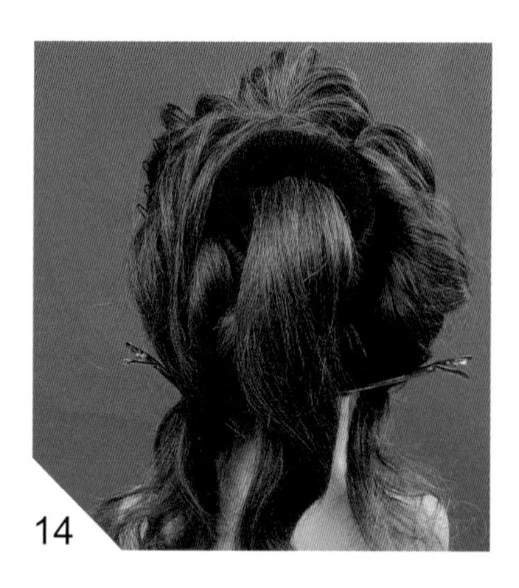

14

B 區以橡皮筋綁成馬尾，並以髮棉環繞於橡皮筋周圍。

15

利用電棒將 B 區捲曲。

16

B 區分數次以兩股編結，預留些許髮絲，爲造型完成後增添浪漫風情。

17

兩股編結後，以抽、拉的方式創造蓬鬆的線條感。

18

編結、塑型後，以 U 型夾固定。

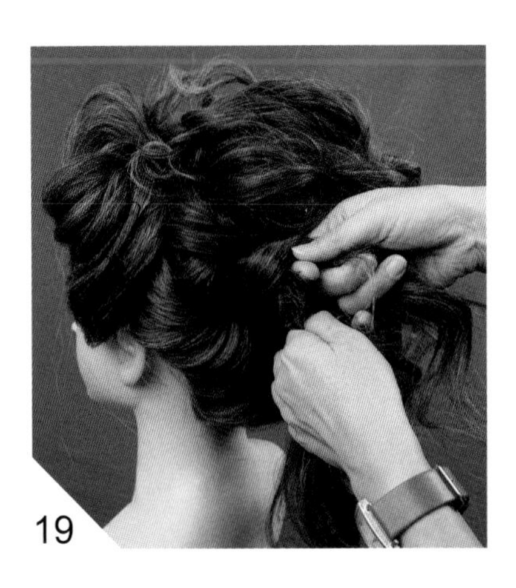

19

C 區固定後，將剩餘的頭髮利用兩股編的方式塑型並收尾。

20

利用電棒捲曲 B 區預留的髮絲。

Point

真髮難免有長短不等的問題，扭轉造型時會有短髮岔出的狀況，因此，造型前使用適量的美髮速塑型乳，能減少毛躁的問題。

柔美大方 *elegance*

造型重點

B、C、D、E區以交錯的包覆技法，突顯髮髻面的立體感。A區可採中分線或側分線的變化，中分線表現簡雅視覺效果；側分線將頭髮導向髮際，以手推波浪技巧增添柔美的線條，呈現婉約的氣質。

造型表現

髮髻以逆三角的幾何型表現，呈現漸變的美感。前額側分線，可表現出華麗豐厚的美感；中分線則呈現簡潔雅緻的美感。兩種方式的選用可依服裝的特色配搭。

假人分區圖

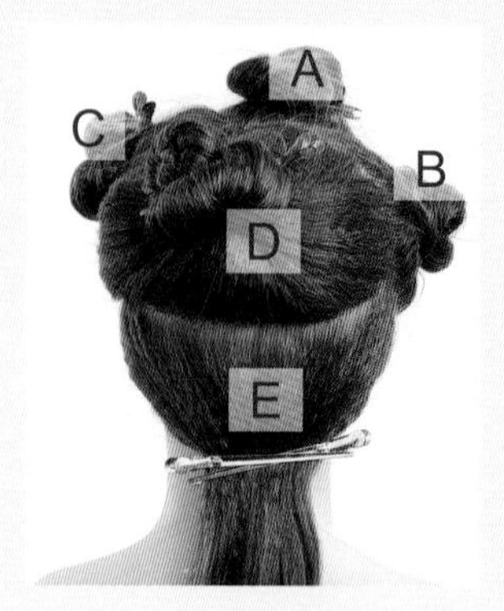

造型技巧

- 刮髮技法：本造型各區皆運用刮髮技巧。
- 包覆技法：B、C、D、E 區
- 手推波浪技法：A 區

假人完成圖

真人完成圖

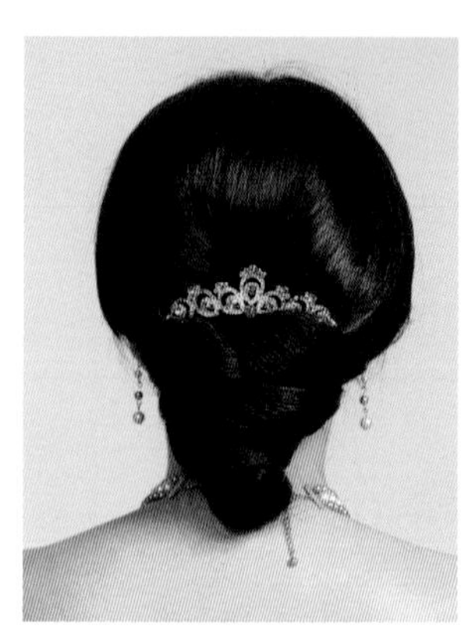

1

將D區頂部的頭髮刮蓬。

2

保留蓬度，梳順刮蓬後的頭髮。

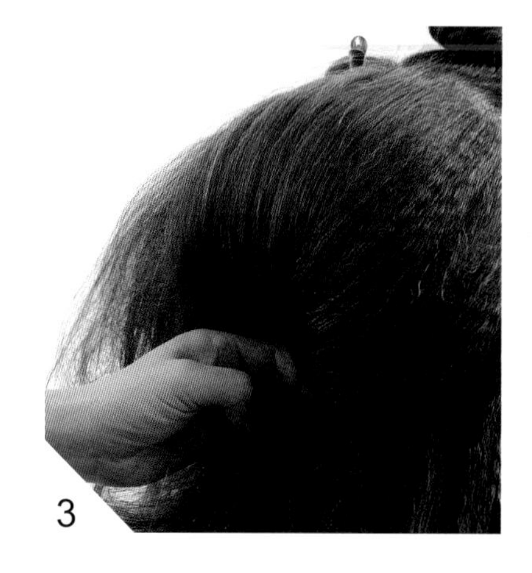

3

利用縫針式夾法將頭髮固定於枕骨下方後，將右耳側頭髮翻轉後固定於枕骨下方。

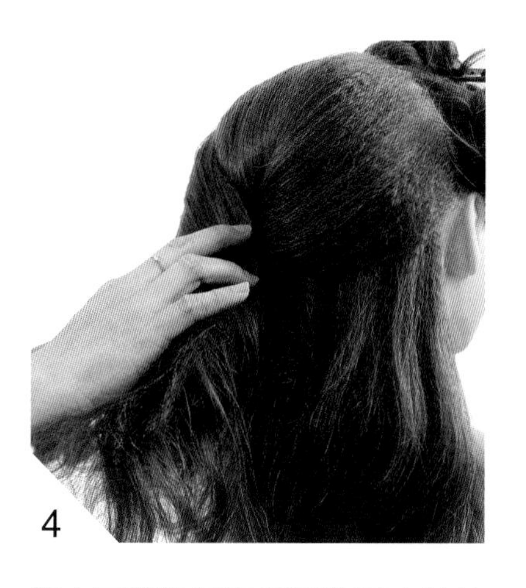

4

將左耳側的頭髮翻轉後固定於枕骨下方。

5

將B區頭髮梳順至枕骨下方並固定。

6

將C區頭髮梳順至枕骨下方並固定。

7

循序取E區右耳側下方髮束交錯固定於枕骨下方。

8

再取E區左耳側下方髮束交錯固定於枕骨下方。

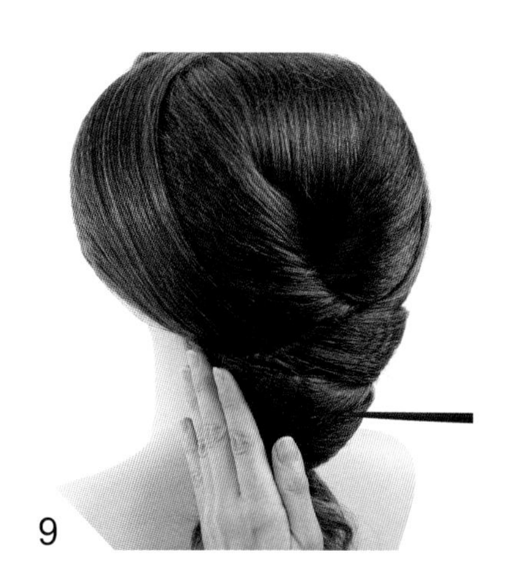

9

左右交錯，一一固定髮束。

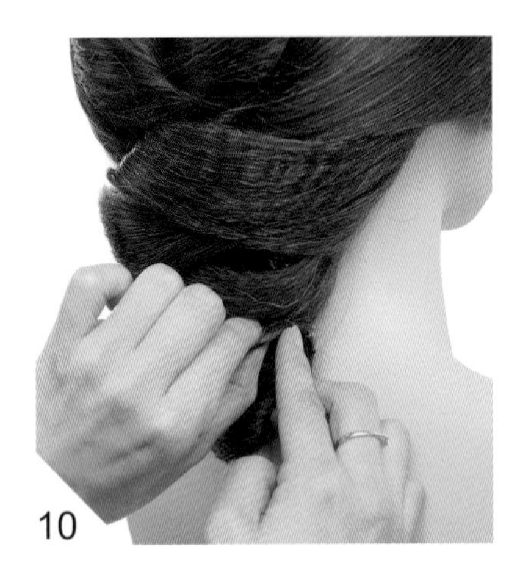

10

以空心捲手法收尾，並調整蓬度。

11

將 A 區頭髮髮根略刮蓬。

12

利用鴨嘴夾固定髮片，梳出完美的前額側流線，亦可依模特兒的臉型或喜好需求，以中分線表現復古風情。

13

順著流線，將髮片以螺捲方式收尾。

14

以定型噴霧固定待乾。

15

固定後卸除鴨嘴夾。

簡約
新古典
classical

造型重點

本造型為巴洛克、洛可可造型的變型，分區的規劃會影響造型。本造型之重點為定點於 G.P 的髮髻。

造型表現

新古典是像古典精神致意的風格，相較巴洛克、洛可可的華麗感，將髮髻的定點由 T.P 點降至 G.P 點，能呈現溫婉的形象。

假人分區圖

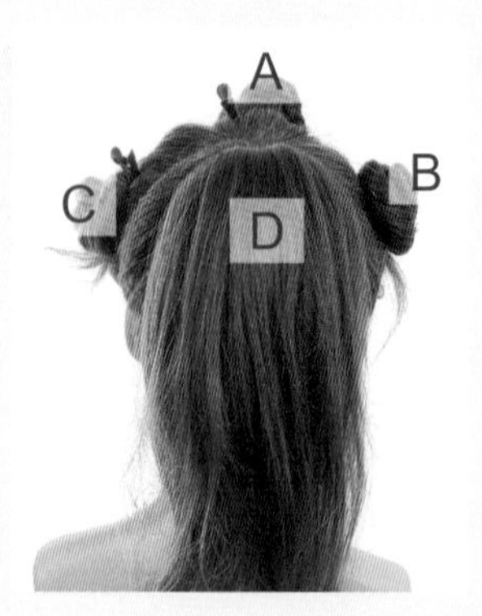

造型技巧

- 刮髮技法：本造型各區皆運用刮髮技巧。
- 單股編結技法：A、B、C、D 區
- 扭轉技法：A、B、C 區
- 抽拉技巧：A、B、C、D 區

假人完成圖

真人完成圖

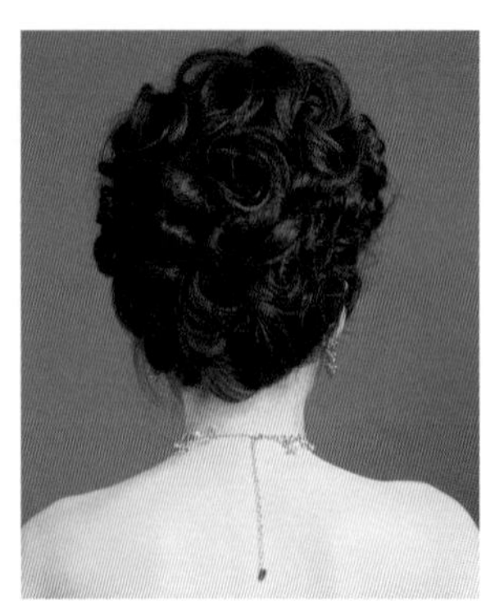

利用長條髮棉環繞於馬尾底部。

刮蓬頭髮。

取髮束，扭轉固定。

施以單股扭轉，以及抽鬆髮絲的動作。

將髮束固定於髮棉之上。

利用手指抓鬆 A 區頭髮。

扭轉固定，並注意將露出的髮棉遮好。

B 區手指抓鬆頭髮。

扭轉固定。

取適量髮束。

C 區手指抓鬆頭髮。

扭轉固定。

04

抽絲剝繭 · 繁複華麗

抽絲剝繭，顧名思義取自造型技巧而稱之。為塑造亂中有序、自然活潑的形象，髮束經扭轉、抽絲後，呈現出自然捲曲的波浪狀，重複技法得以展現出繁複華麗感，本篇以此造型概念，一圓「小女孩變為公主的夢想」。

俏麗
短髮
Làngmàn

造型重點

A、B、C、D 全區造型使用單股、扭轉編結技法，以抽、拉技巧塑型。

造型表現

以蓬鬆、捲曲的髮型，呈現短髮俏麗、活潑的形象。

假人分區圖

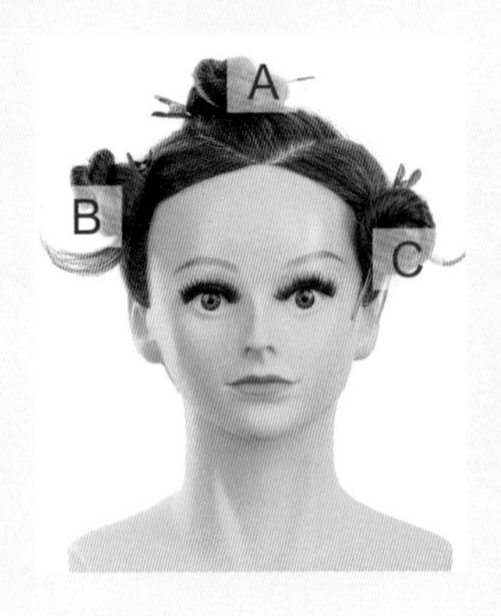

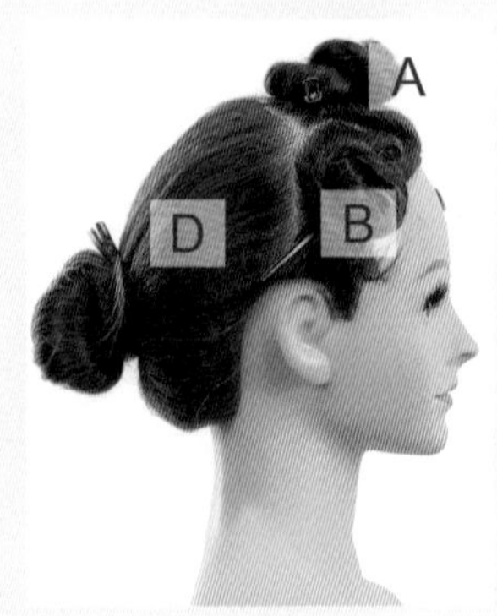

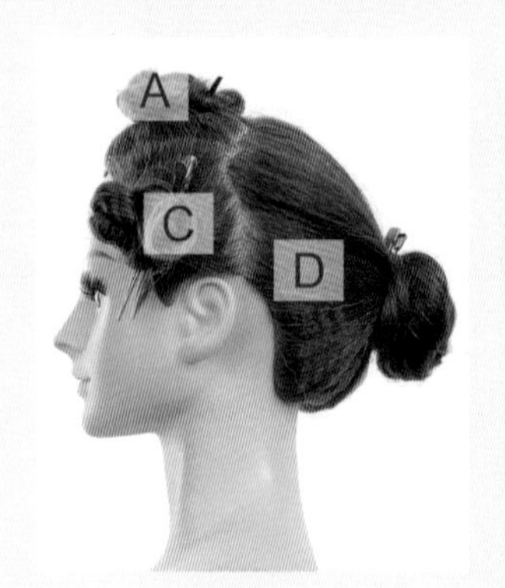

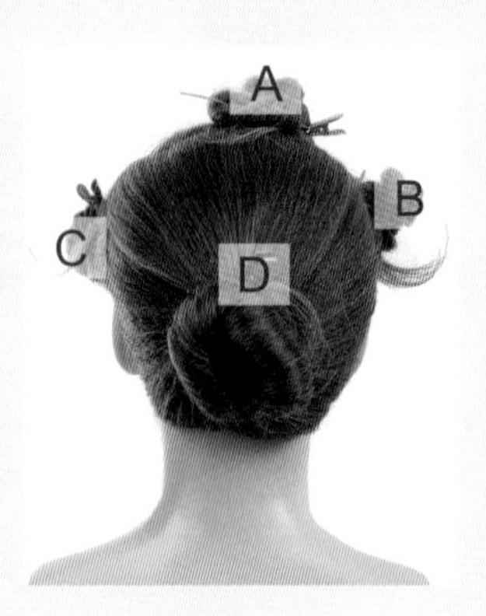

造型技巧

- 刮髮技法：本造型各區皆運用刮髮技巧。
- 單股編結技法：A、B、C、D 區
- 扭轉技法：A、B、C 區
- 抽拉技巧：A、B、C、D 區

假人完成圖

真人完成圖

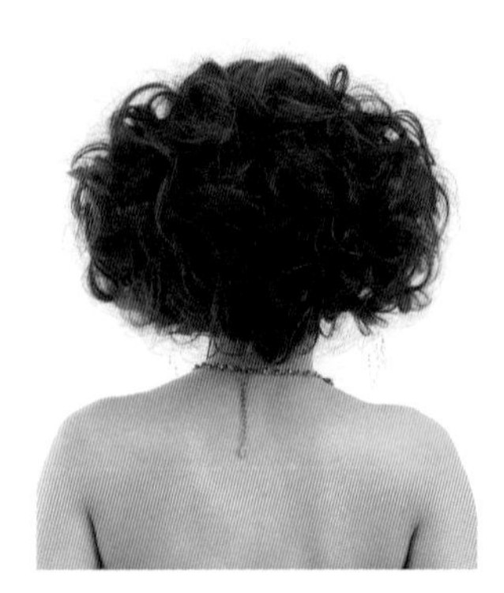

1

取 D 區上半，暫時以鴨嘴夾固定。

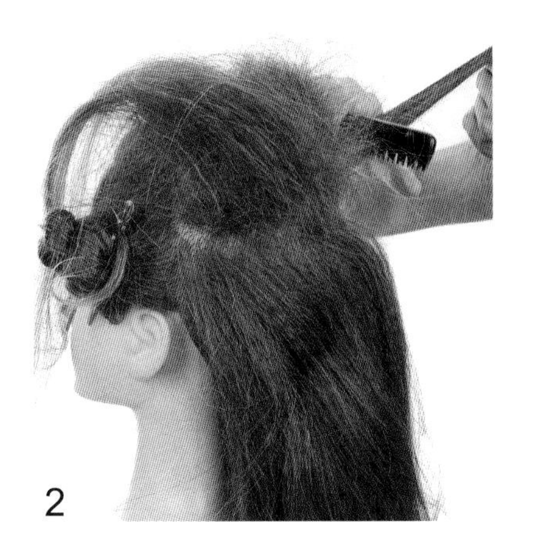

2

刮蓬 D 區下半。

3

梳順後以縫針式固定頭髮。

4

取髮棉，固定於枕骨下方。

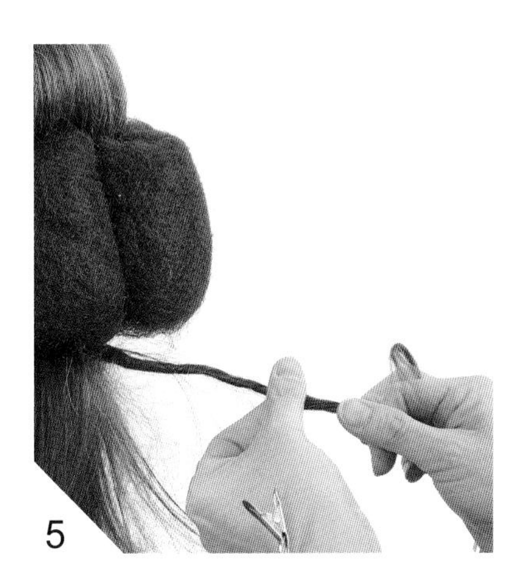

5

單股扭轉。

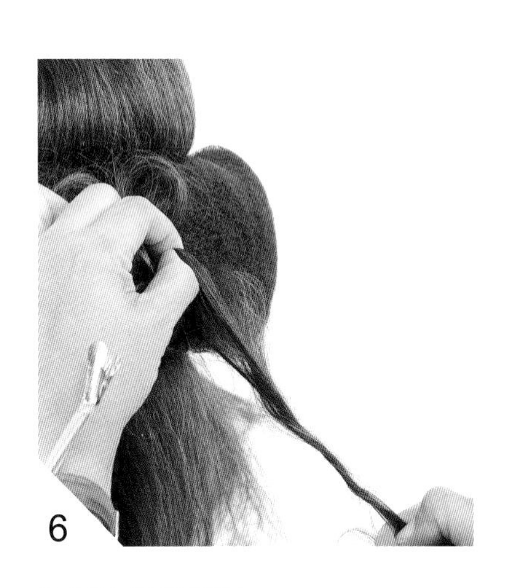

6

扭轉後抽鬆髮絲。

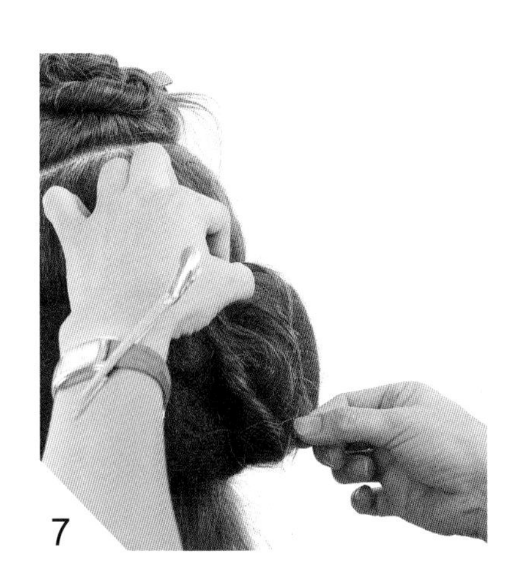

7

利用 U 型夾將髮絲固定於髮棉。

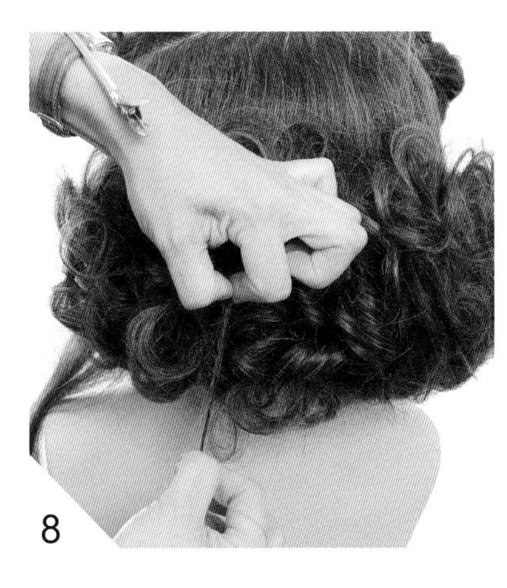

8

沿著髮棉，施以單股扭轉與抽鬆髮絲的動作。

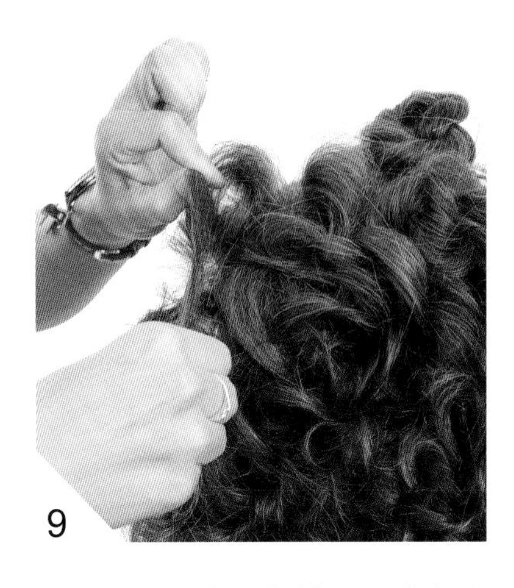

9

完成 D 區下半，繼續以此法完成 D 區上半。

10

將 B 區分成兩束，第一束先朝耳後固定。

11

完成第一束的扭轉、抽絲動作。

12

第二束比照完成，並注意必須完全遮蓋髮棉。

13

C 區比照 B 區分成兩束。

14

均以相同技法完成。

15

利用手指抓鬆 A 區頭髮。

16

扭轉向後固定。

17

同樣施以扭轉、抽絲動作。

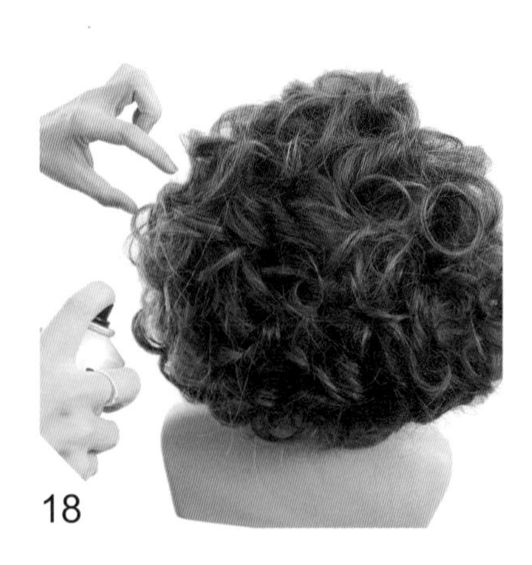

18

調整頭髮蓬鬆度，並以定型噴霧定型。

線條包覆

Line

造型重點

本造型透過直線、曲線增加包覆式髮型的立體感，包覆式髮型有典雅、沉穩、內斂的視覺印象，透過 B、C 區的曲線、D 區直線條的裝飾，包覆式髮型增添豐富的視覺感。

造型表現

髮型有修飾臉型的功能，本造型模特兒有完美的鵝蛋臉（橢圓型），因此未設計瀏海，讀者可視模特兒條件，透過造型技巧（抽、拉、手推波浪），調整 A、B、C 區的流線範圍，利用曲線瀏海修飾臉型。

假人分區圖

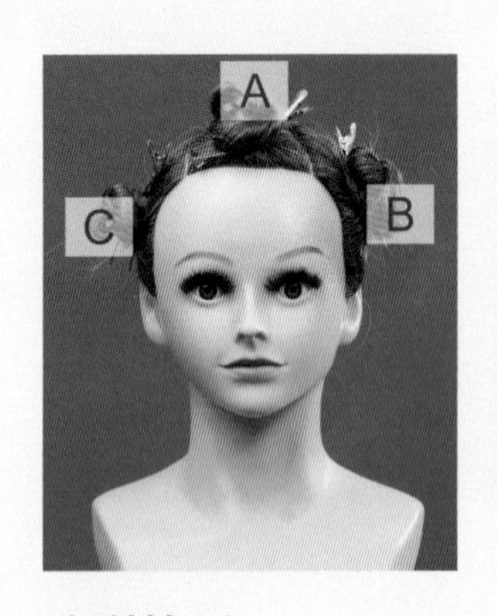

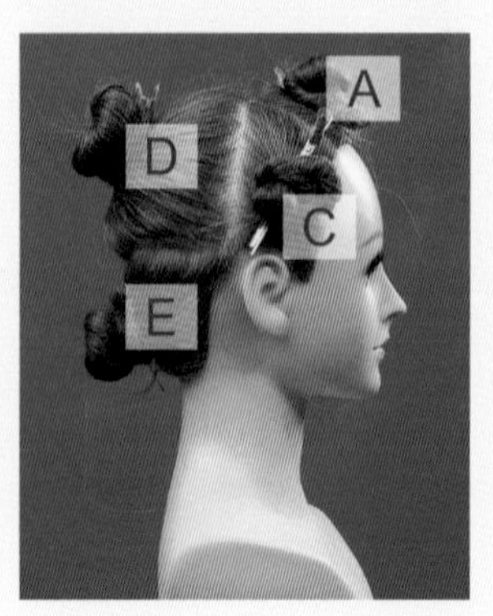

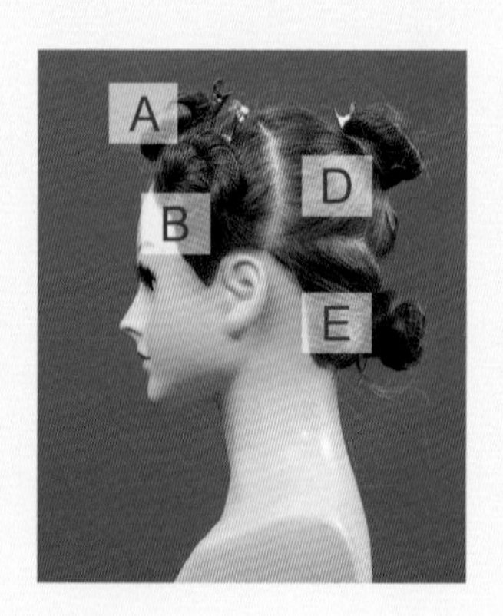

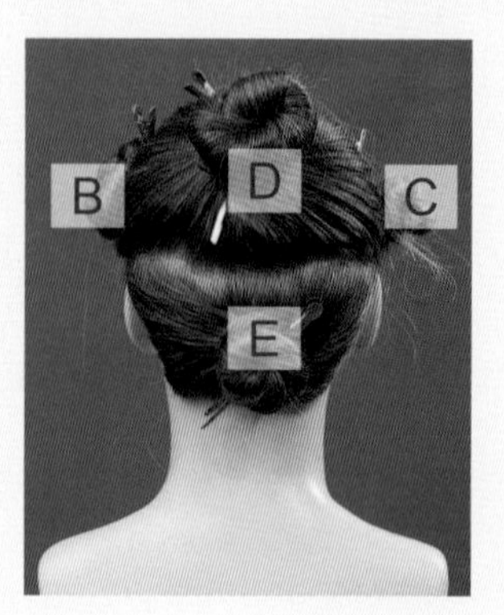

造型技巧

- 刮髮技法：本造型各區皆運用刮髮技巧，刮髮說明參閱（整髮篇 - 造型技巧）。
- 抽、拉技法：A、B、C 區。
- 手推波浪：A、B、C 區。
- 包覆技法：D 區。

假人完成圖

真人完成圖

E 區結綁成髮束，以空心捲的手法將頭髮捲成髮髻。

將髮髻固定於「後部頸間基準點」B.N.M.P。

刮膨 D 區。

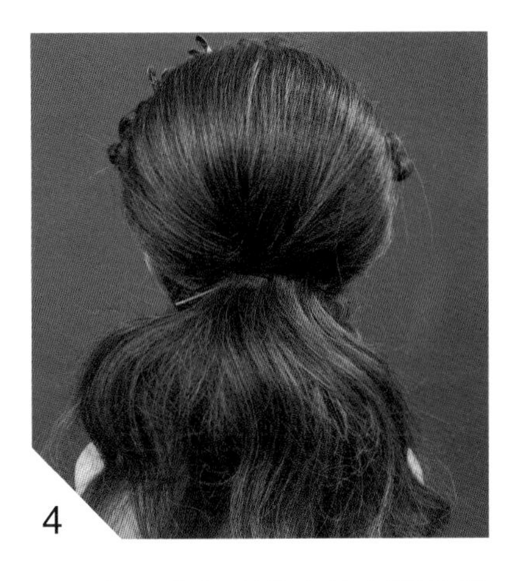

梳攏後固定於「黃金後部間基準點」G.B.M.P。

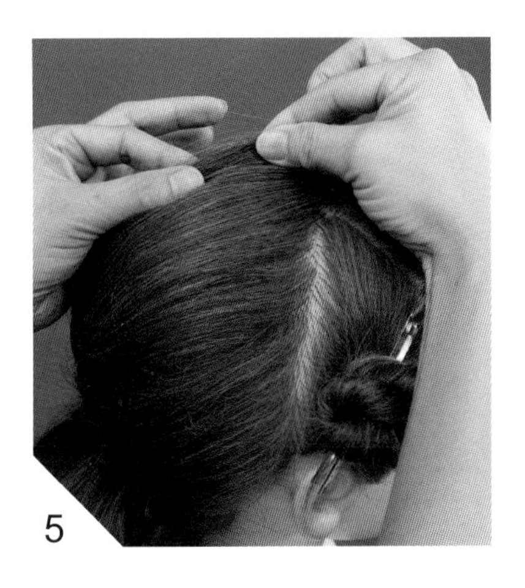

拉出線條創造立體感。

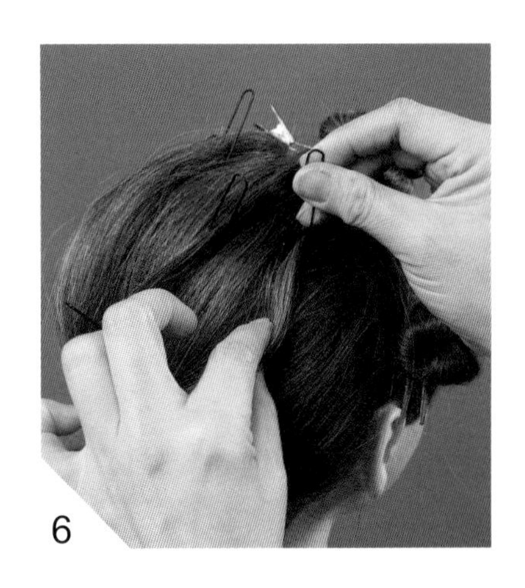

使用 U 型夾暫時固定線條。

固定線條。

刮膨 D 區剩餘的頭髮。

梳順後再將髮束展開。

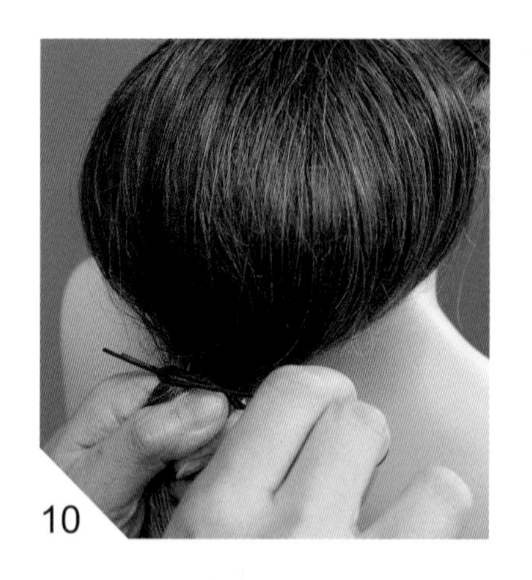

包覆原先的髮髻，以橡皮筋固定。

將髮尾環繞遮蓋橡皮筋。

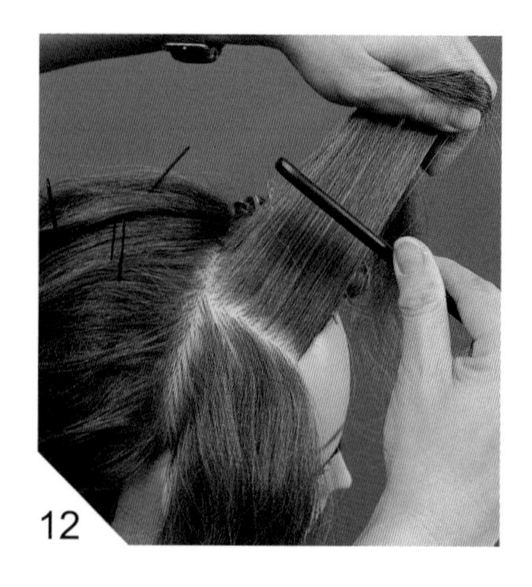

將 C 區分爲兩束髮片，刮膨第一片。

梳順後將髮片延展開來。

髮片梳成 C 型，以鴨嘴夾固定。

刮膨第二片，髮片梳成 C 型，交疊於第一片之上，以鴨嘴夾固定。

將第一、二髮片交疊，將第一片髮束再梳成 C 型，交疊於第二片髮片之上。

第二髮片重複前述動作後收尾。

將 A 區分成兩束髮片，分別刮膨後梳亮，再將兩髮片交疊。

19

將髮片展開，梳成 C 型，交疊於另一髮片之上。

20

重複上一步驟。

21

以兩股編結髮收尾，固定。

22

將 B 區分成兩束髮片，分別刮膨後梳亮，將兩髮片交疊。

23

將髮片展開，梳成 C 型，交疊於另一髮片之上。

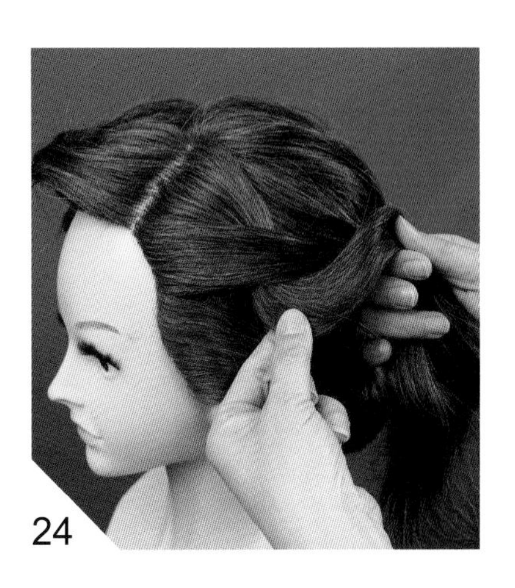
24

重複上一步驟。

25

調整線條塑型。

夢幻
洛可可
Rococo

造型重點

以單股扭轉技巧塑造繁複捲曲的美感，在抽拉技巧的運用下，將高聳、蓬鬆的視覺感無限延伸。

造型表現

洛可可承襲巴洛克風格華麗的美感，在華麗的基礎下更顯小巧、優雅、精緻、繁複，是美術史上最瑰麗的風格。本造型透過塑型技巧融合主題元素，呈現華麗夢幻的洛可可風情。

假人分區圖

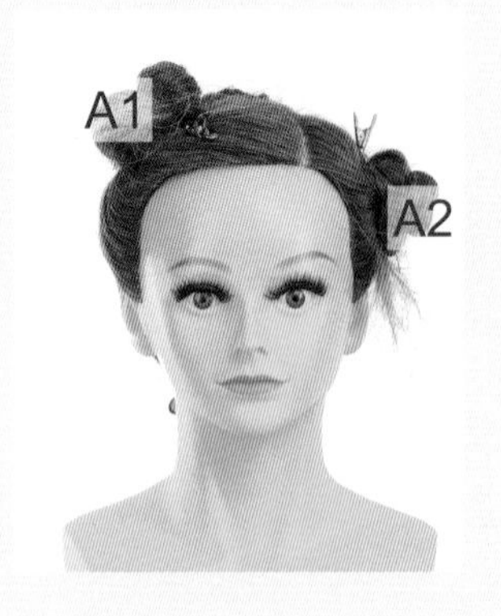

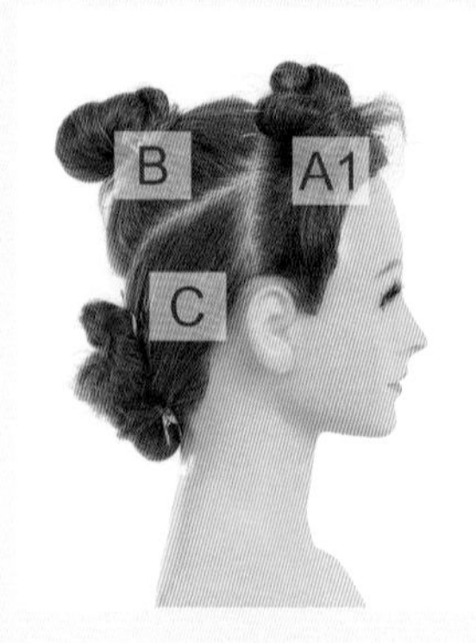

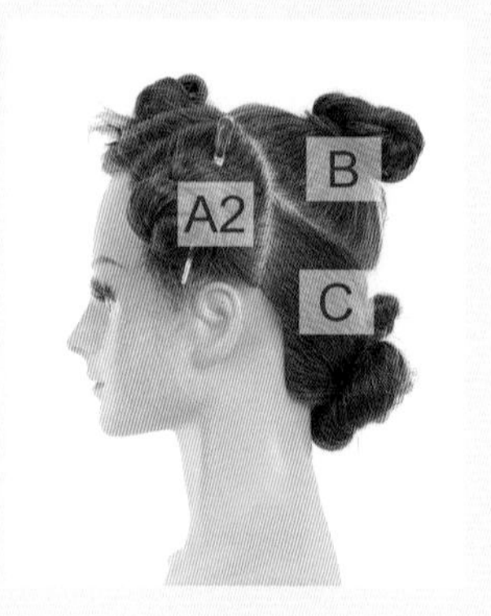

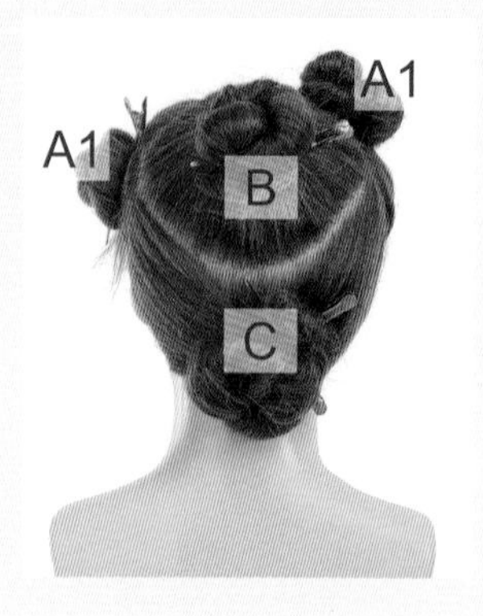

造型技巧

- 刮髮技法：本造型各區皆運用刮髮技巧。
- 單股編結技法：A、B、C、D 區
- 扭轉技法：A、B、C 區
- 抽拉技巧：A、B、C、D 區

假人完成圖

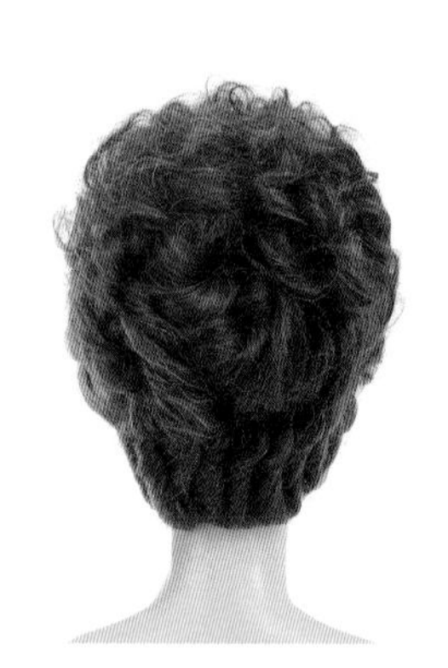

真人完成圖

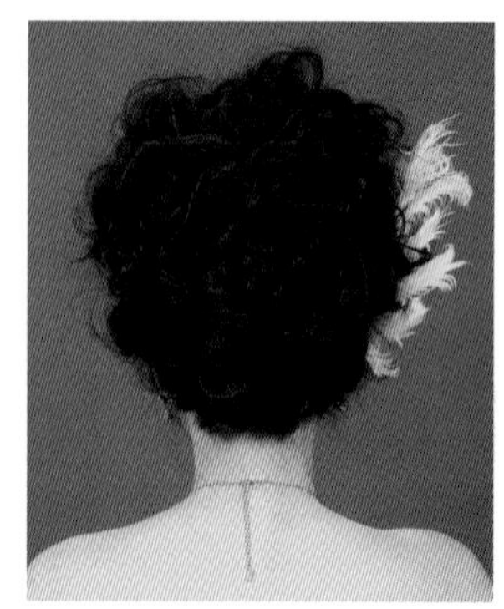

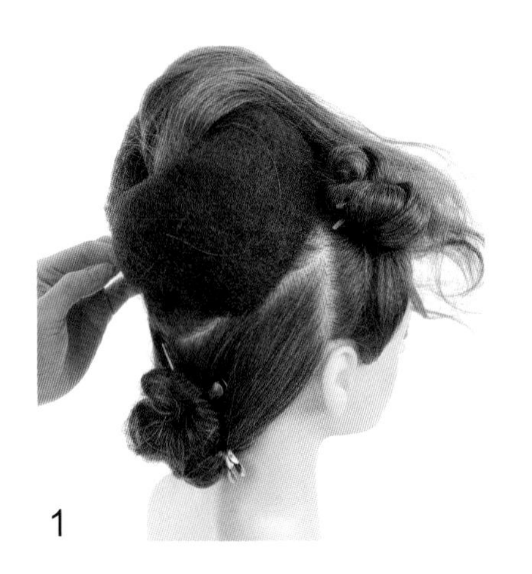

1

將髮棉環繞於 B 區馬尾周圍。

2

自 A2 區開始，取髮束，刮蓬根部後扭轉固定。

3

以中心點爲分界，採向心的方式固定髮束。

4

C 區亦利用扭轉方式完成固定。

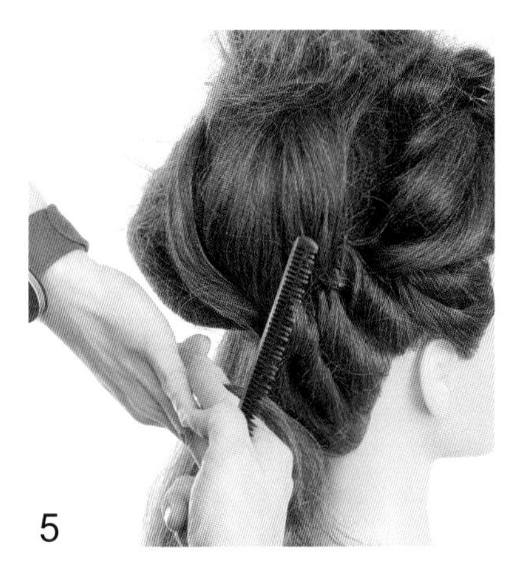

5

爲求美觀，挑髮片時應採上下窄、中間寬的挑線方式挑取髮束。

6

重複前述方法繞頭部一圈，完成髮型基底。

7

取 B 區馬尾髮束，扭轉。

8

扭轉後一手抓緊髮束，另一手抽鬆髮束。

9

抽絲完成後利用 U 形夾固定。

10

重複相同的手法完成 B 區。

11

取 A1 區髮束，利用扭轉抽絲技巧逐步覆蓋髮棉。

12

造型過程中若認爲髮髻高度不足，可再增加髮棉的份量。髮束扭轉抽絲固定後，應隨時檢視造型的整體感，並適時調整蓬鬆度。

甜美
現代風
sweet

造型重點

造型重點位於 T.P 與 G.T 間，各區以扭轉技法塑造頭髮的捲度，再以抽拉技巧完成塑形。

造型表現

本造型技巧與夢幻洛可可造型採相同操作技法，唯洛可可造型填充髮棉以增加頭髮的厚實度；本造型為呈現自然風格，僅採刮髮技法增加頭髮的膨鬆感與可塑性，因此，髮型設計前，設計師可針對髮型的外型有所構思，再善用梳髮技法達成造型設計。

假人分區圖

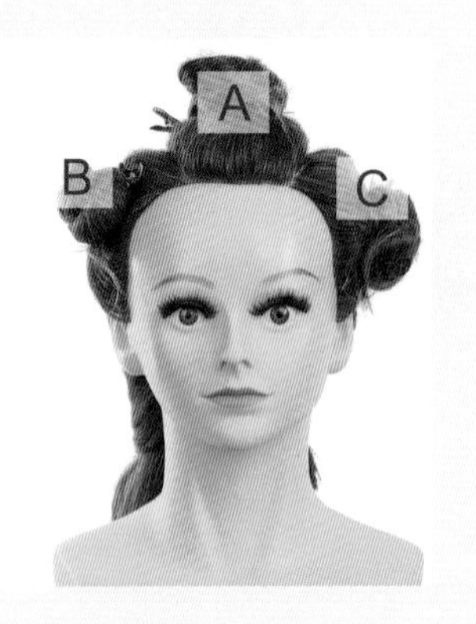

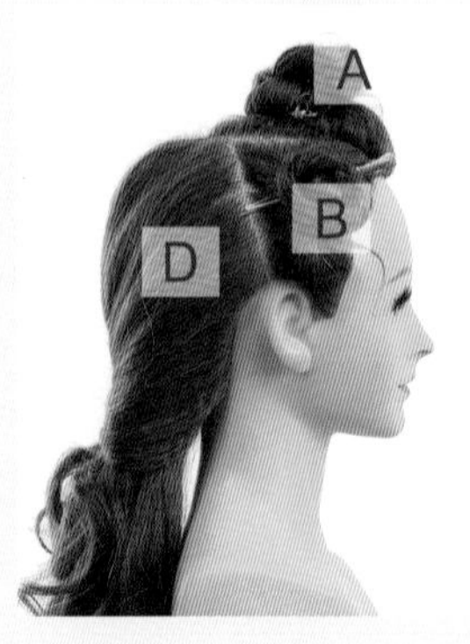

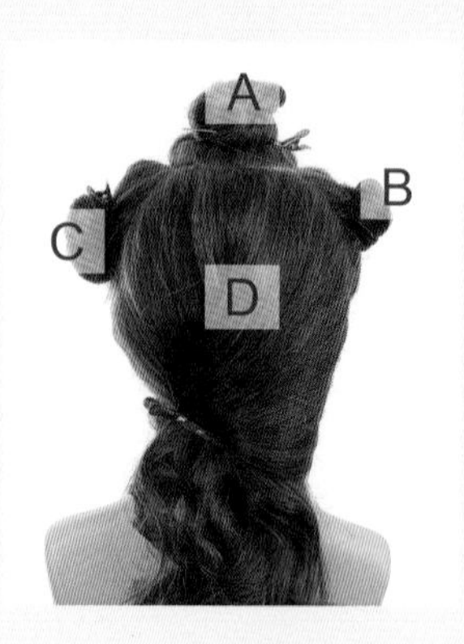

造型技巧

- 刮髮技法：本造型各區皆運用刮髮技巧。
- 扭轉技法：A、B、C、D 區。
- 抽、拉技法：A、B、C 區。

假人完成圖

真人完成圖

將 A 區刮蓬，利用手指挑鬆，扭轉固定。

將 C 區分兩等分，依序刮蓬後利用手指挑鬆，扭轉固定。

將 B 區分兩等分，依序刮蓬後利用手指挑鬆，扭轉固定。

利用逆梳的方式，將 D 區頭髮刮蓬。

以十字固定法固定。

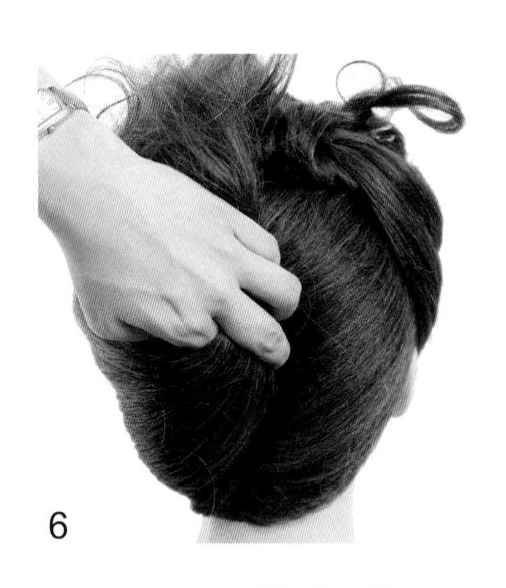

將另一端的頭髮梳攏後扭轉。

髮夾將頭髮固定。

將前端頭髮固定於頂點。

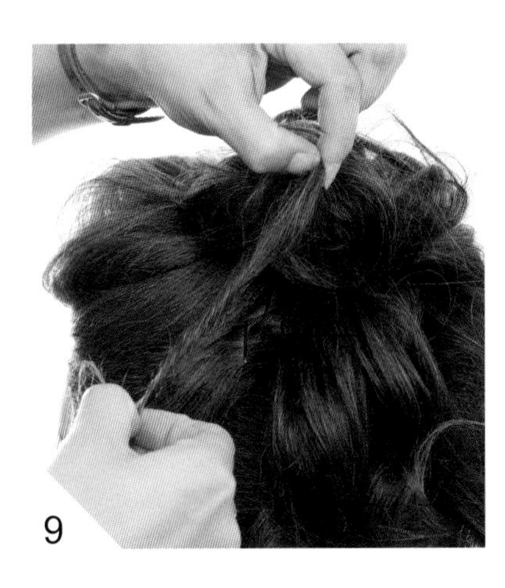

單股扭轉髮束，扭轉後抽鬆頭髮並固定。

05

包覆髮髻 · 簡潔優雅

早期的新娘造型多以包覆式髮型呈現，究其原因，乃是長髮搭配頭紗的多層次視覺效果，容易使造型重點失焦而爲考量；五〇年代婦女造型多以包頭表現，但美麗的包頭需細細呵護梳理且維護不便。廣爲人知的女性短髮造型，如英國美髮教父維達沙宣（Visdal Sassoon）利用剪髮的方式，來呈現出豐厚美麗的短髮弧度，鮑伯式短髮因而著稱。而奧黛麗赫本於《羅馬假期》中簡潔、清新的的短髮造型，亦受到普羅大眾的青睞。短造型輕便、俏麗、易突顯臉部重點的特色，在新娘造型的應用中，不失爲另一種選擇。

圓潤
鮑伯
Bob hair

造型重點

「圓潤」的外觀為本造型的重點，圓潤指的是順著頭顱的輪廓塑型。美麗的頭顱形狀能夠呈現髮型的美感，從側臉觀看模特兒的頭型似「？」，因此本造型 D 區（頂點－黃金點）刮髮持髮角度可在 120 ～ 180 間，以順利塑型。

造型表現

包覆技法除能挽髮為髻外，亦能將長髮挽為短髮，使造型有短髮的俏麗外，亦有包覆髮髻般的豐厚感。

假人分區圖

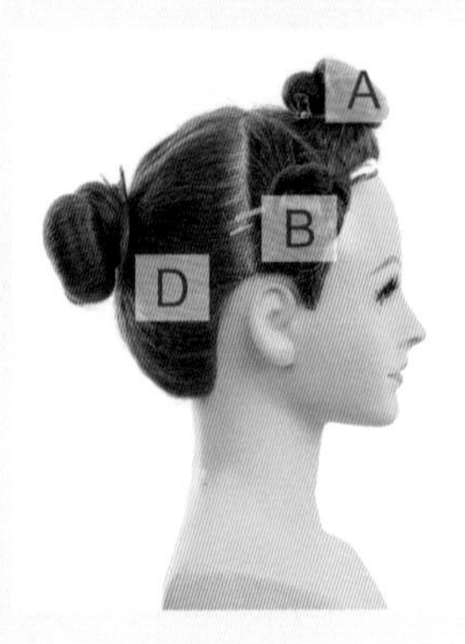

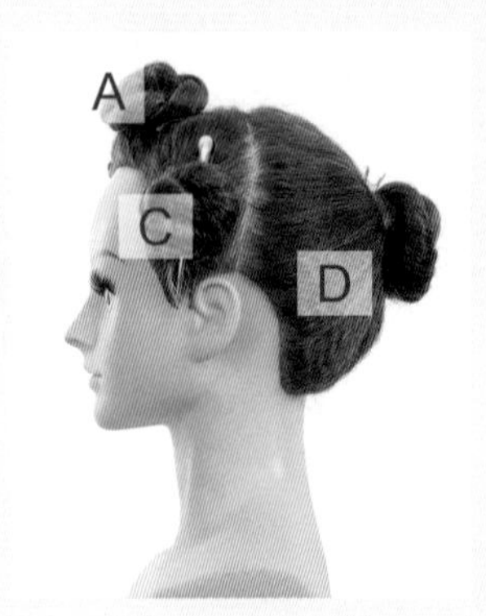

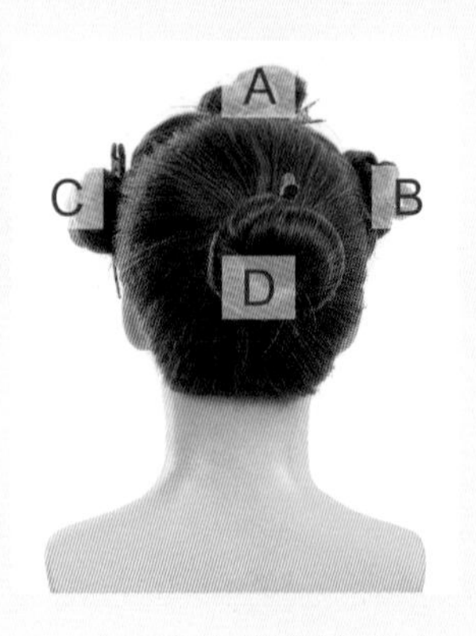

造型技巧

- 刮髮技法：本造型各區皆運用刮髮技巧。
- 包覆技法：A、B、C、D 區

假人完成圖

真人完成圖

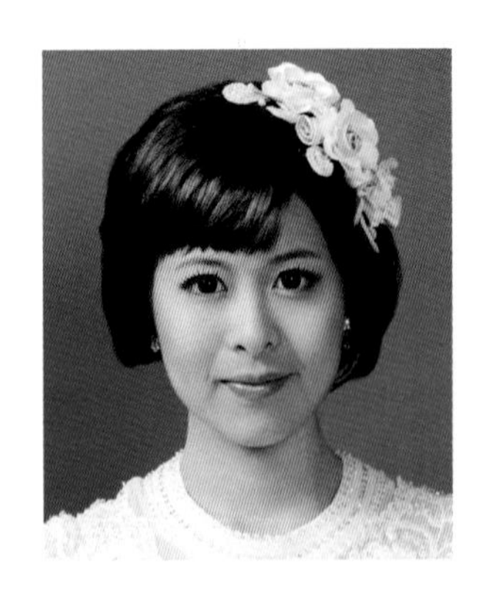

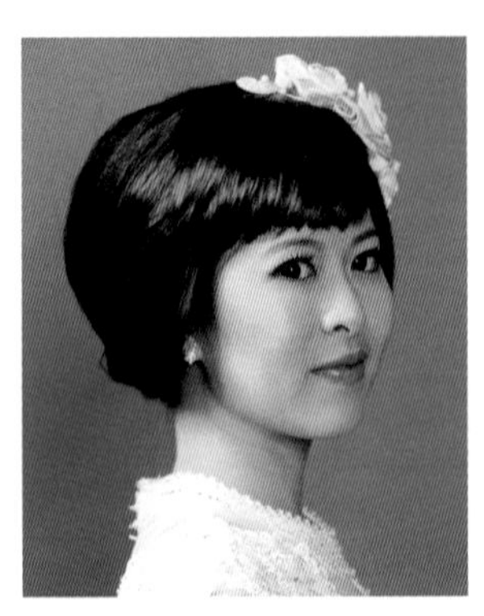

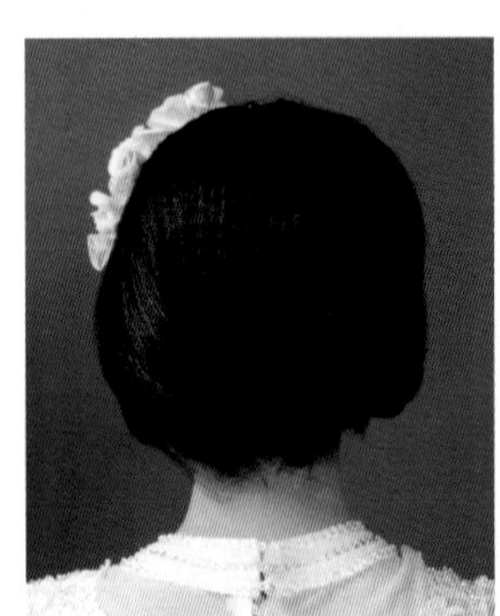

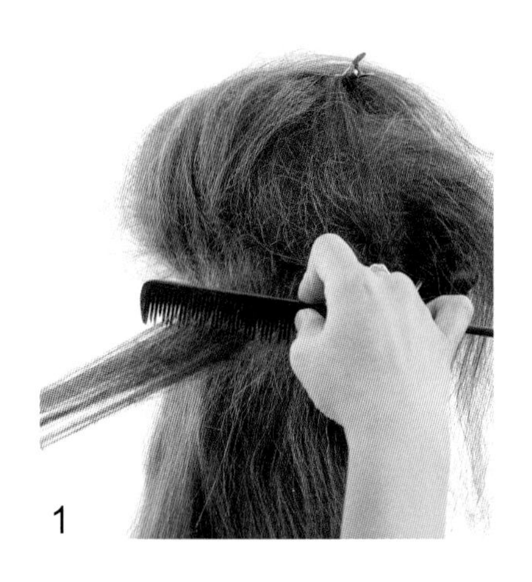

1

持 D 區後腦勺處髮束刮蓬，以呈現完美頭形。

2

將頭髮梳順。

3

利用橡皮筋將頭髮束成馬尾。

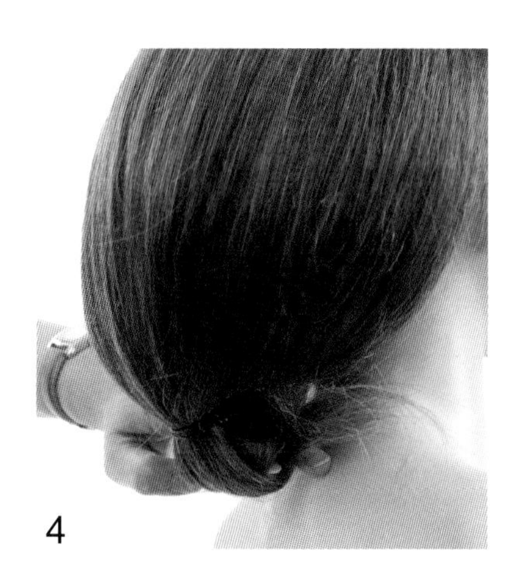

4

以空心捲技巧將髮尾藏妥。

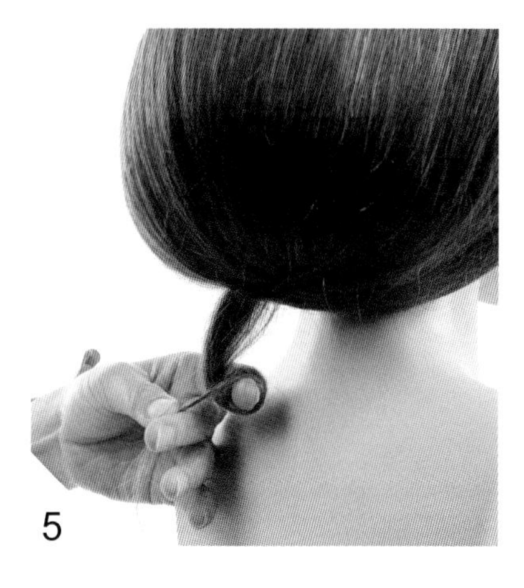

5

將頭髮梳順後固定，並利用空心捲技巧藏妥髮尾。

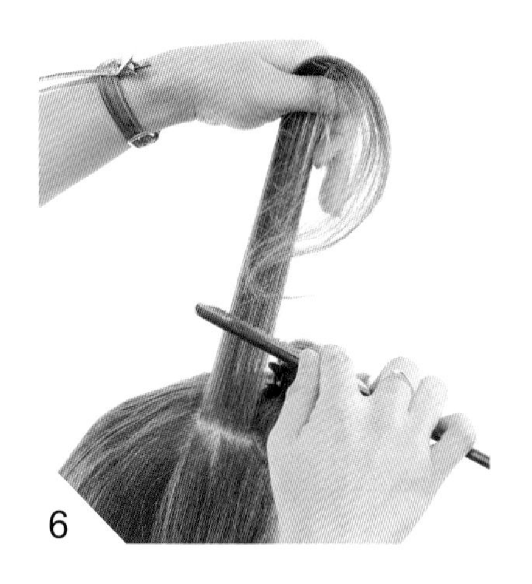

6

將 A 區刮蓬。

7

刮蓬 B 區，梳順頭髮後，利用刮梳撐起瀏海角度。

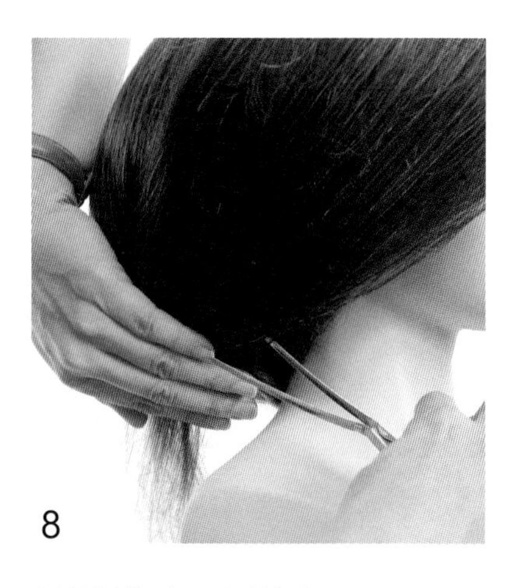

8

調整線條與 D 區結合。

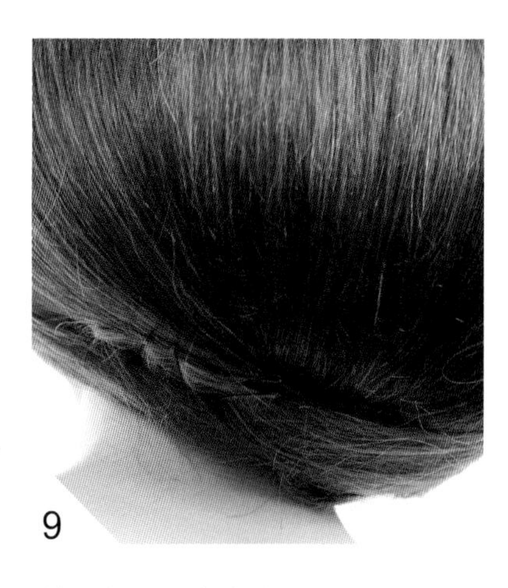

9

利用髮夾固定完成。

華麗
巴洛克
Baroque

造型重點

C、D 區以包覆技巧呈現豐厚的髮髻，C 區預留的髮片以三股編塑造出立體的美感。

造型表現

巴洛克風格是宮廷文化的產物，雄偉華麗為其主要特色，並輔以活潑、繁複的紋樣增添美感。本造型即在巴洛克元素下，呈現華麗、繁複的視覺效果。

假人分區圖

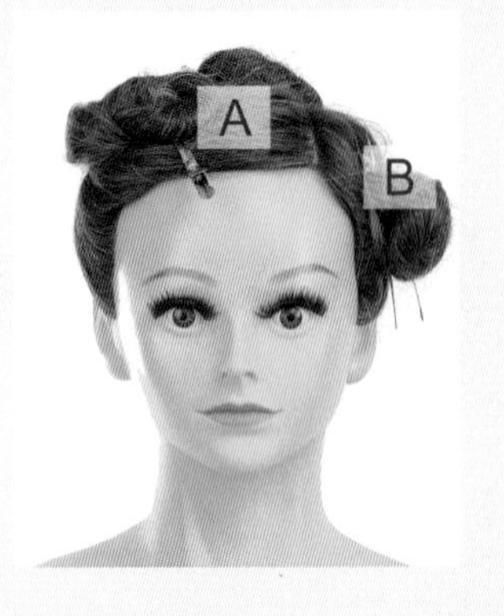

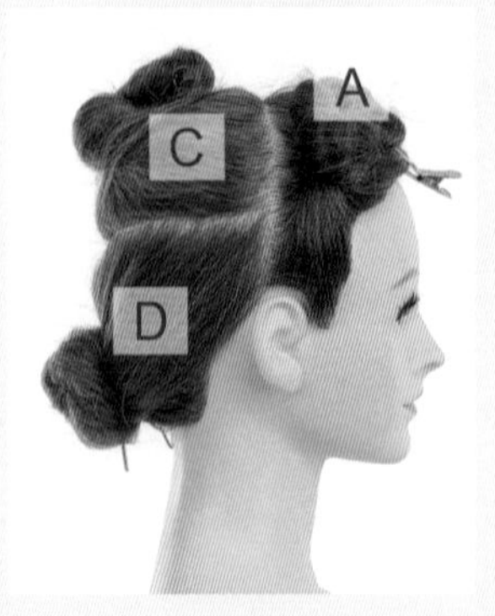

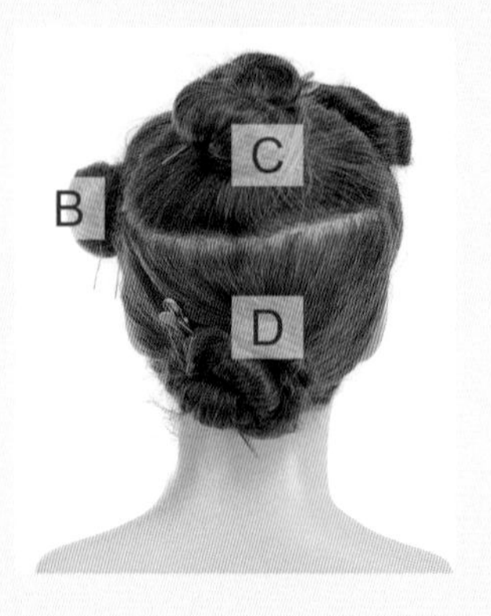

造型技巧

- 刮髮技法：本造型各區皆運用刮髮技巧。
- 包覆技法：C、D 區。
- 三股編結技法：C 區。

假人完成圖

真人完成圖

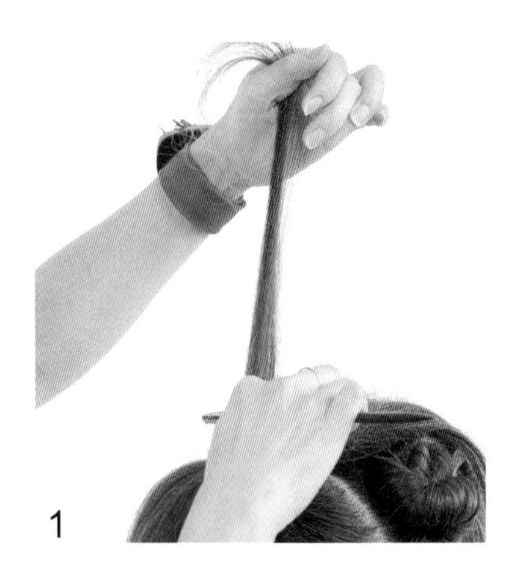
1

取 C 區髮束逆梳刮蓬。

2

縫針式夾法固定馬尾，製作頭髮基座。

3

將馬尾覆蓋於髮棉之上。

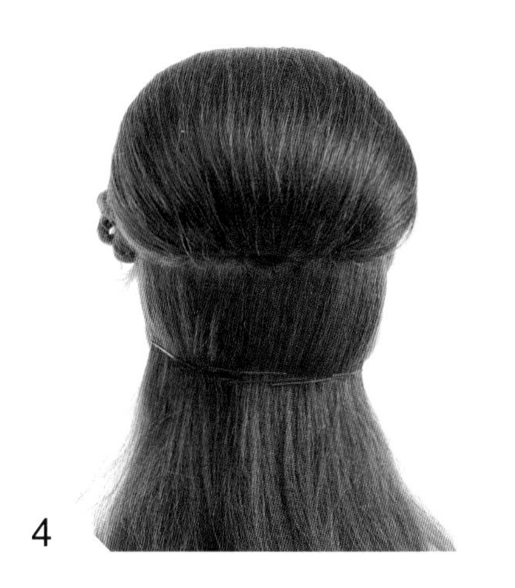
4

D 區以縫針式夾法固定。

5

取髮棉固定於 D 區髮基之上。

6

逆梳並包覆髮棉。

7

自 A、B 區取適量頭髮，分三等分做為編髮之備用。

8

中間區三股編後暫時固定。

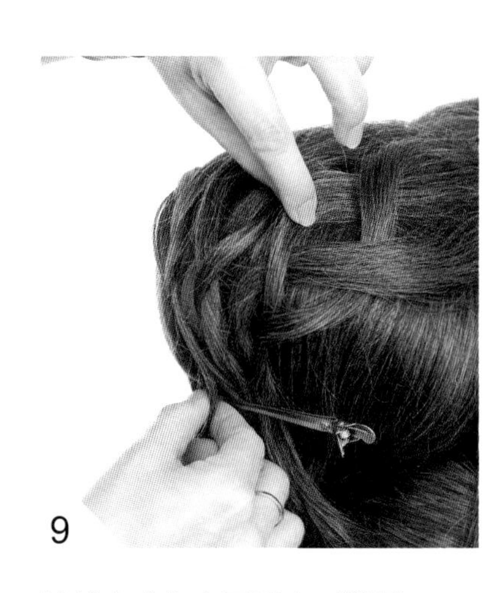
9

接續完成左右兩邊之三股編。

10

刮蓬 A 區後以鴨嘴夾暫時固定。

11

於 A 區後方取少量髮束編三股編與後方髮髻連結。

12

將 A 區剩餘髮束一分爲二，進行三股編並與後方髮髻連結。

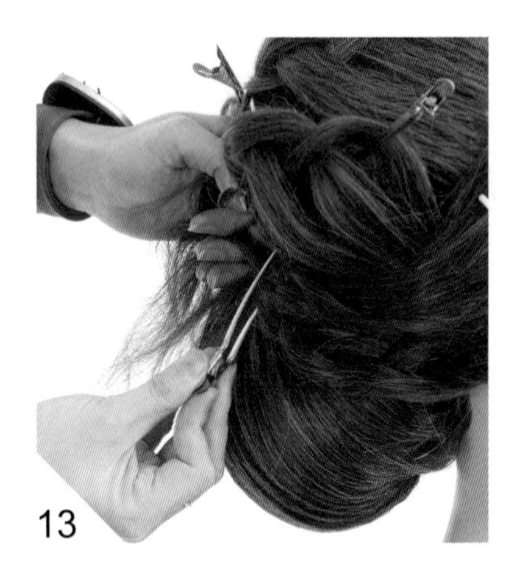

13

調整辮子的鬆緊度並與髮髻連結

14

B 區操作流程與 A 區相同。

15

利用多股編完成 A、B 區髮束的連結。

流線 Tiffany 蒂芬妮

造型重點

位於頂點與黃金點間髮髻是本造型的基礎，在此基礎上以立體線條修飾前額並延伸至髮髻以增加造型的立體感。

造型表現

此造型的設計為本書赫本造型的延伸，其設計不同之處在於膨鬆的造型外觀，以及大面積的流線。

假人分區圖

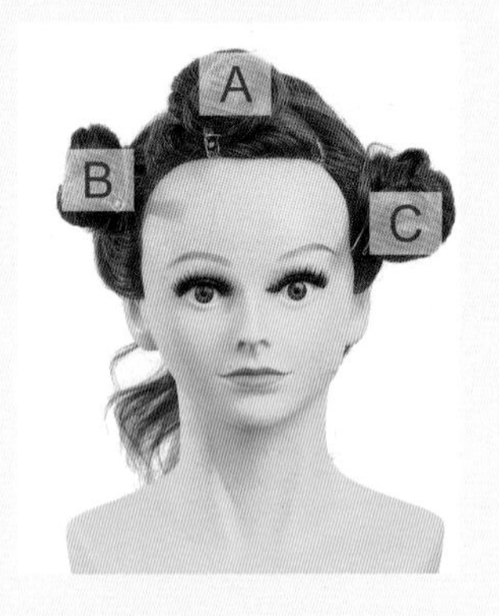

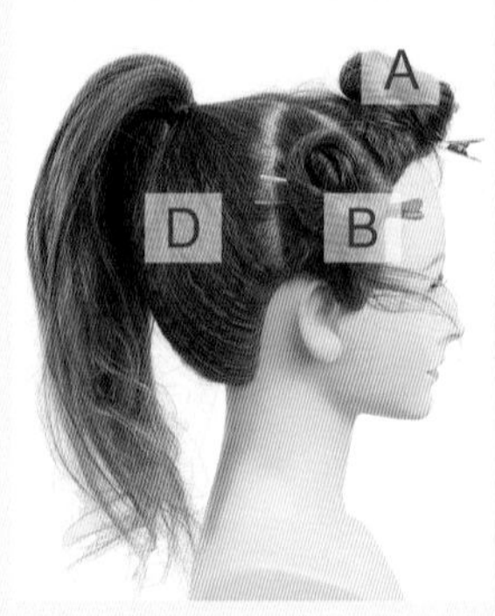

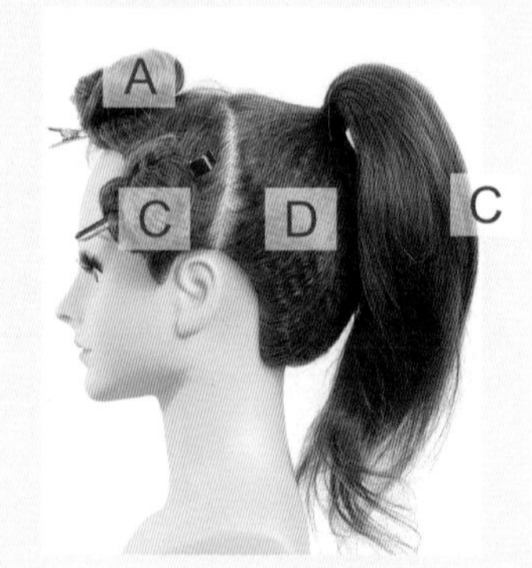

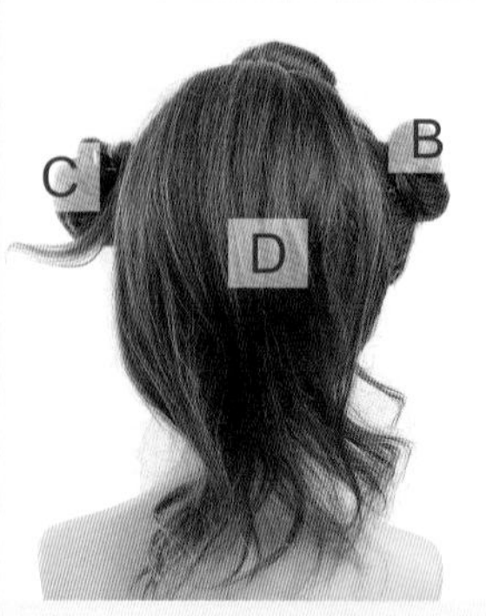

造型技巧

- 刮髮技法：本造型各區皆運用刮髮技巧。
- 包覆技法：A、B、C、E 區

假人完成圖

真人完成圖

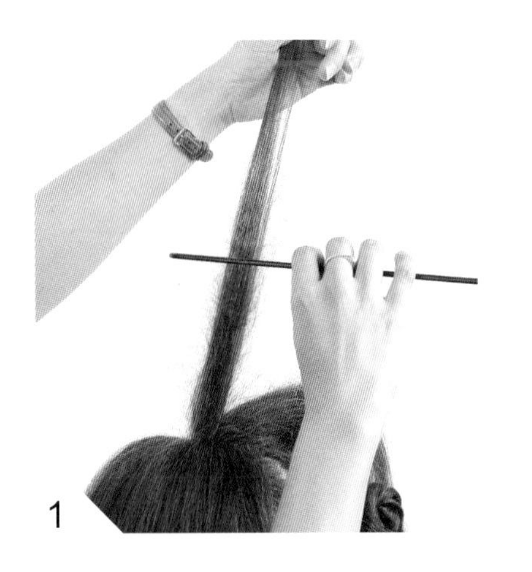

刮蓬 D 區。

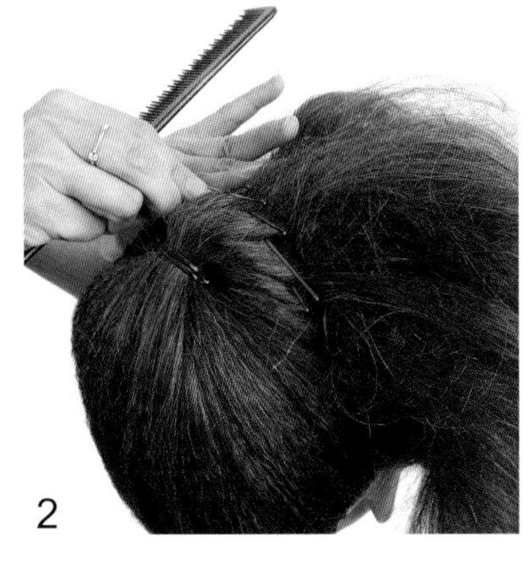

用縫針式夾法固定。

固定髮棉。

利用髮束包覆髮棉。

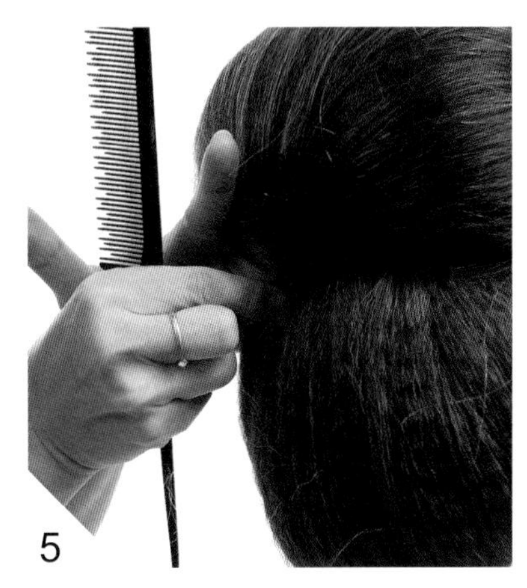

收攏並固定。

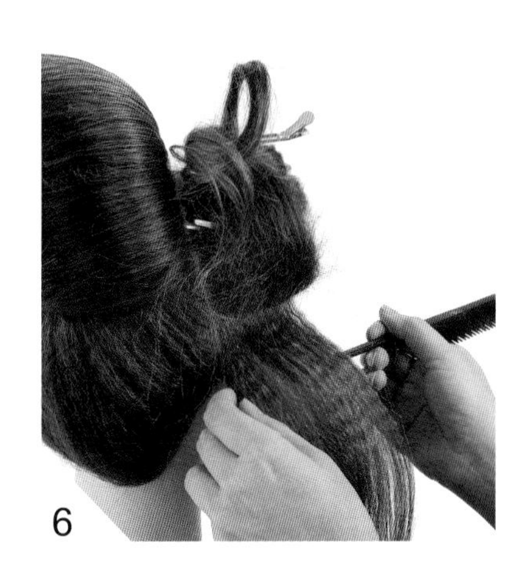

刮蓬 B 區。

朝髮髻方向梳順。

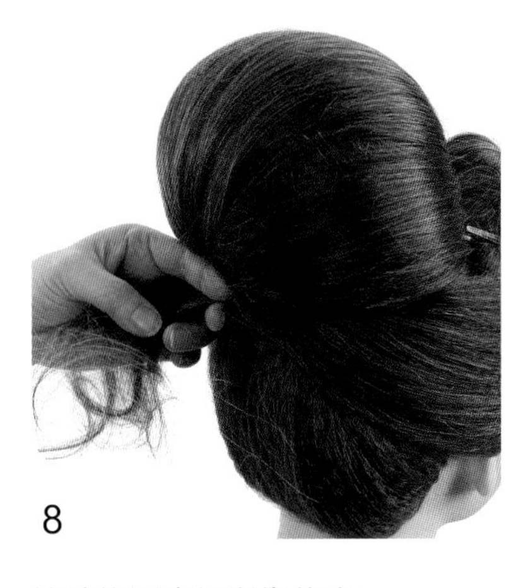

拉線條固定於髮髻後方。

自 A 區取斜分線取得部分頭髮。

10

連結 B 區線條。

11

刮蓬頭髮後朝髮髻後方固定。

12

自 A 區拉線條包覆髮髻。

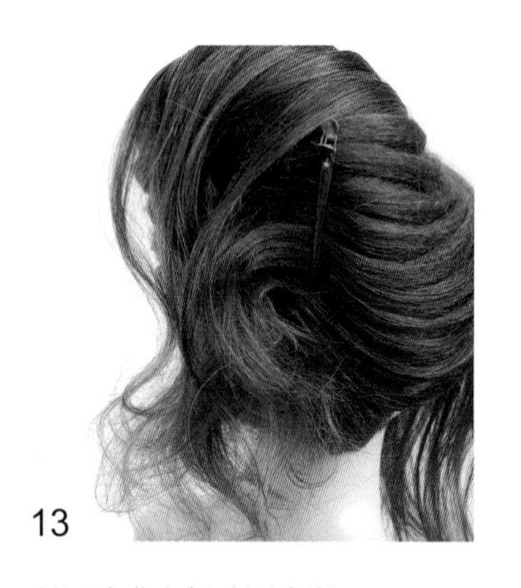

13

利用鴨嘴夾暫時固定髮尾。

14

刮髮後，梳整瀏海的弧度並拉出線條。

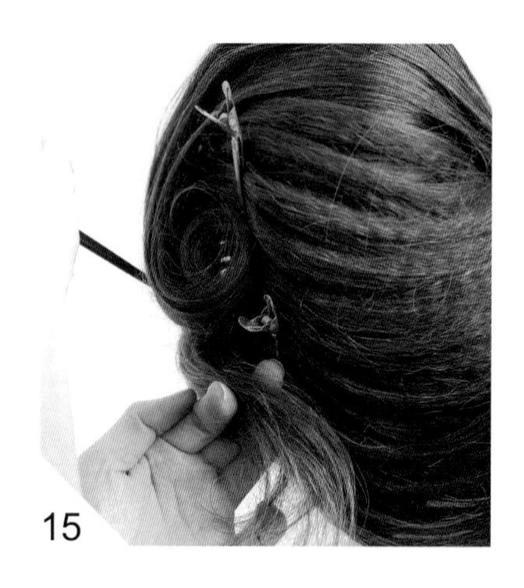

15

將髮尾收攏後以 S 造型固定。

華貴
雍容
Graceful

造型重點

極致豐厚的髮髻為造型主視覺，並使用二股編結技法點綴於髮髻之間。

造型表現

正、側、後面的視角見豐厚髮髻依附於頸肩，纏綿交錯的二股線條增添髮髻的立體感。

假人分區圖

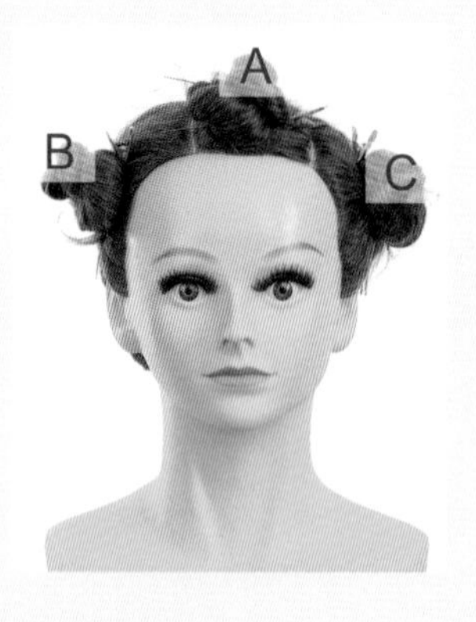

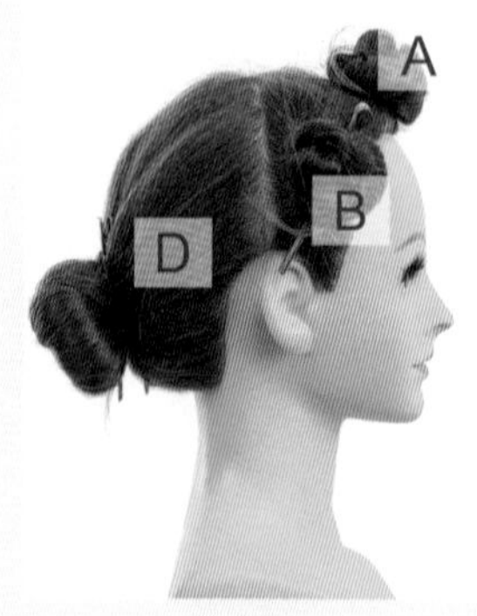

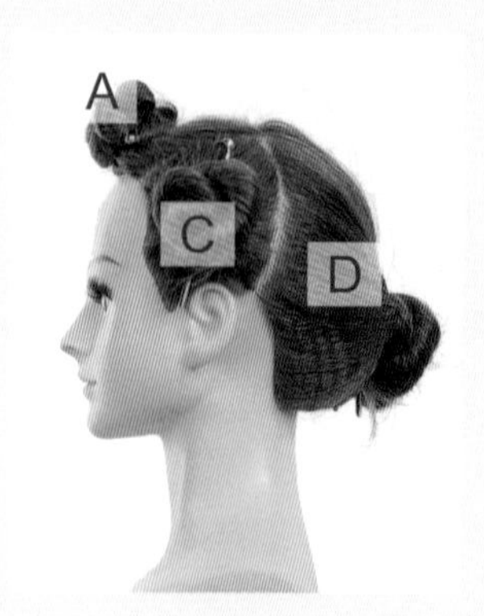

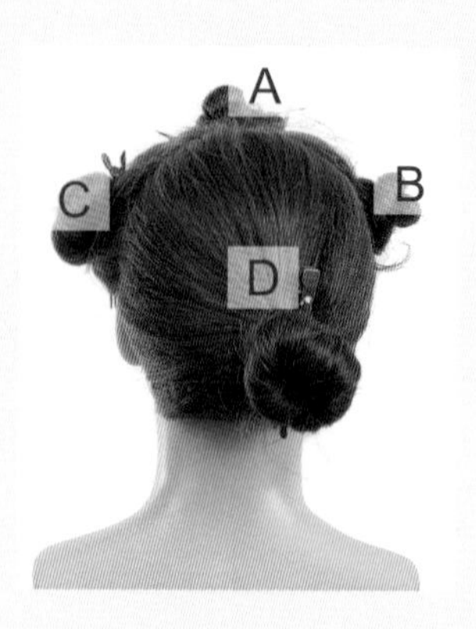

造型技巧

- 刮髮技法：本造型各區皆運用刮髮技巧。
- 包覆技法：D 區。
- 二股編結技法：A、B、C 區。

假人完成圖

真人完成圖

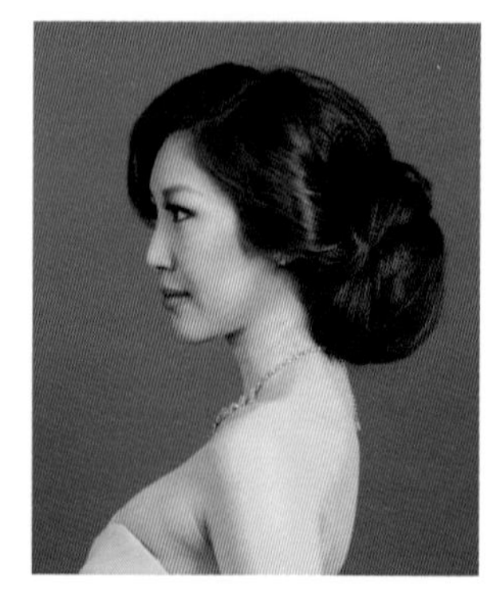
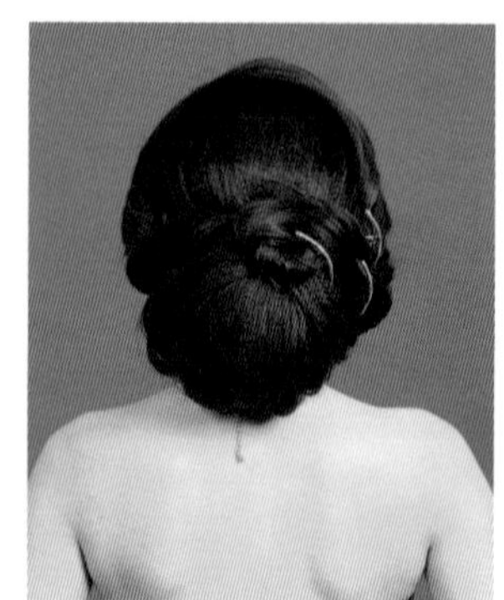

刮蓬 D 區。

以鴨嘴夾固定頭型。

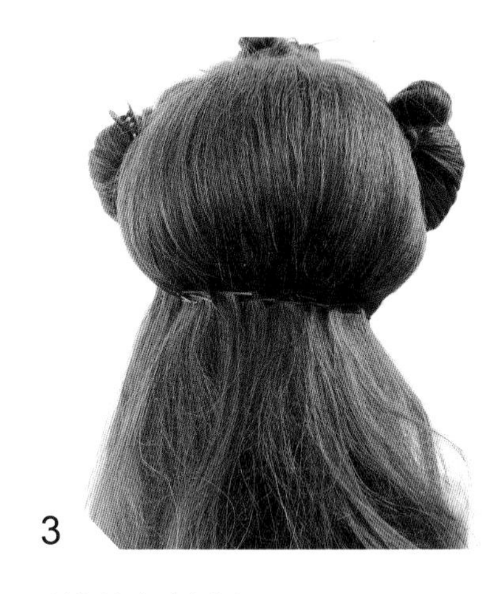

以縫針夾法固定。

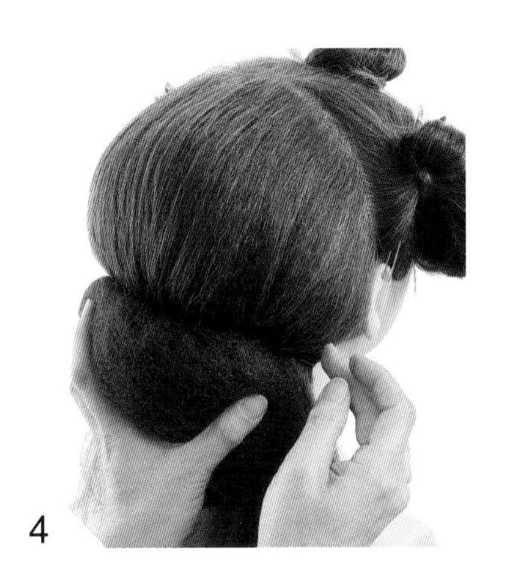

取髮棉固定於枕骨下方，並遮蓋髮夾。

利用頭髮包覆髮棉。

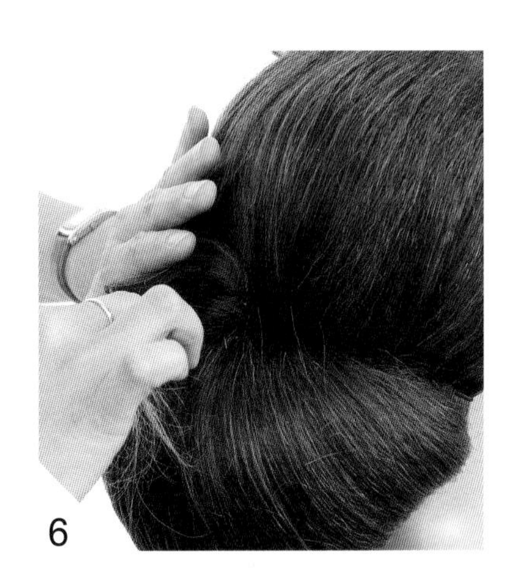

將髮尾藏好並固定。

刮蓬 A 區。

利用梳子撐起前額瀏海角度。

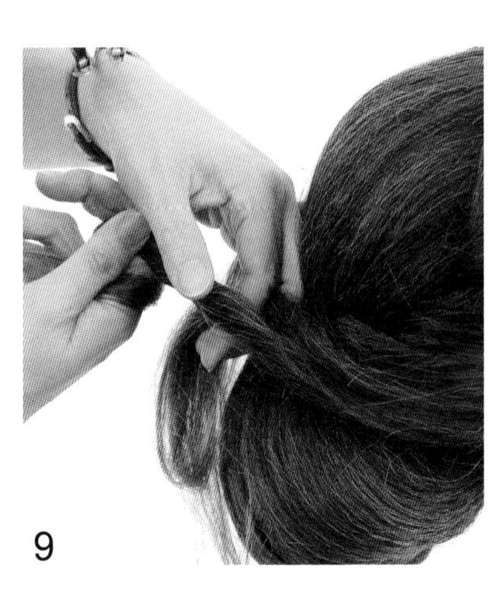

與 B 區頭髮往頭部後方編結並加以固定。

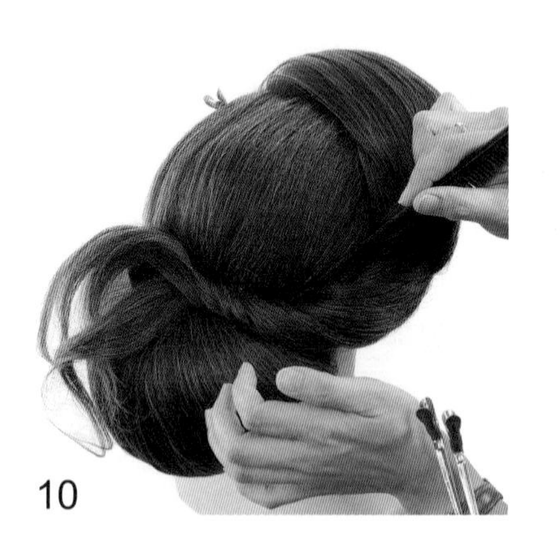

10

調整辮子的蓬鬆度。

11

C 區向後方以兩股編結。

12

編結時注意線條美感並修飾髮髻邊緣。

13

調整蓬鬆度與髮髻連結。

14

將兩股辮結合。

15

以手捲將髮尾捲成弧形，固定於中央。

古典·婉約

造型重點

造型重點定位於 T.P（D 區），將頭髮刮膨後以包覆技法完成髮髻，A、B、C 區後梳前以抽、拉技法拉出線條，增添畫面的立體感，最後以扭轉技法收髮尾。

造型表現

本造型為赫本公主風格延伸，各種臉型在此風格之下，能呈現古典溫婉的氣質。

假人分區圖

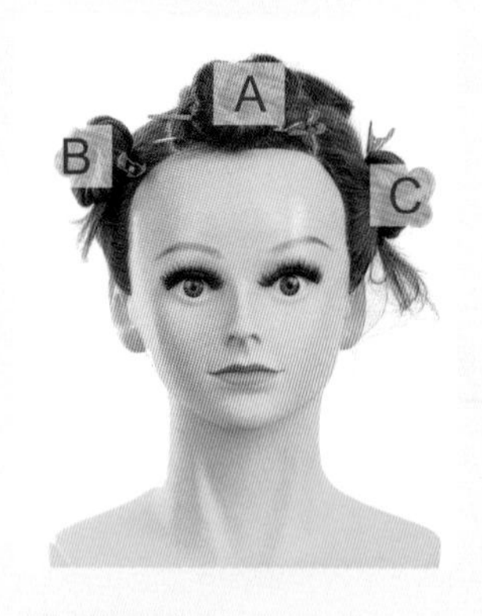

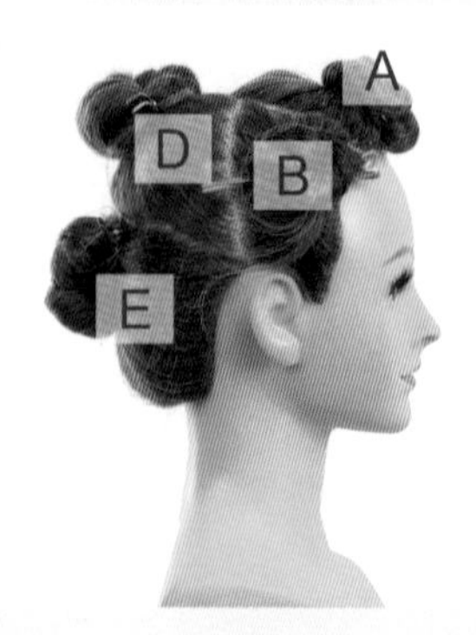

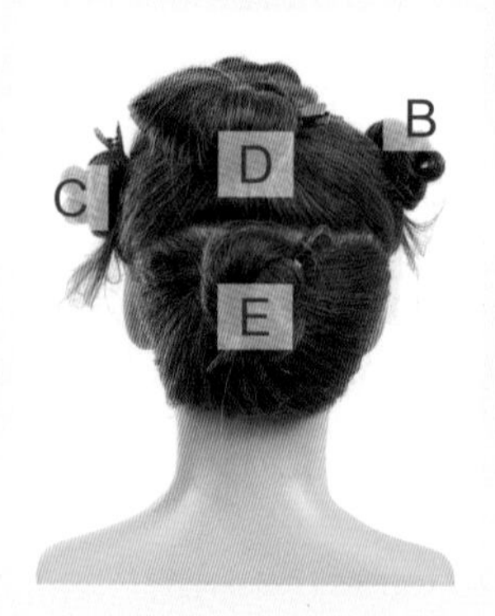

造型技巧

- 刮髮技法：本造型各區皆運用刮髮技巧。
- 包覆技法：D、E 區。
- 扭轉技法：A、B、C 區。
- 抽、拉技法：A、B、C 區。

假人完成圖

真人完成圖

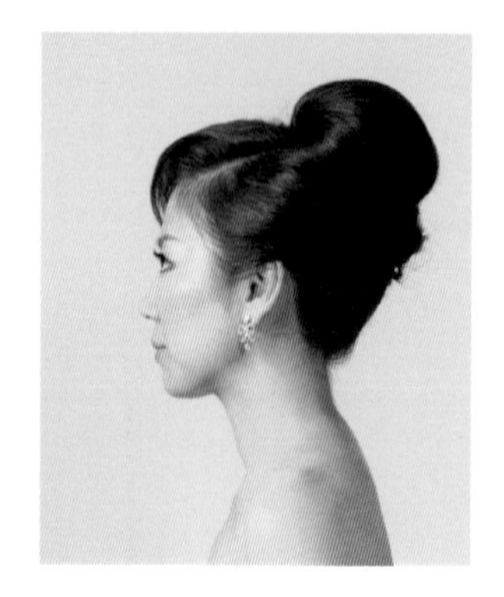

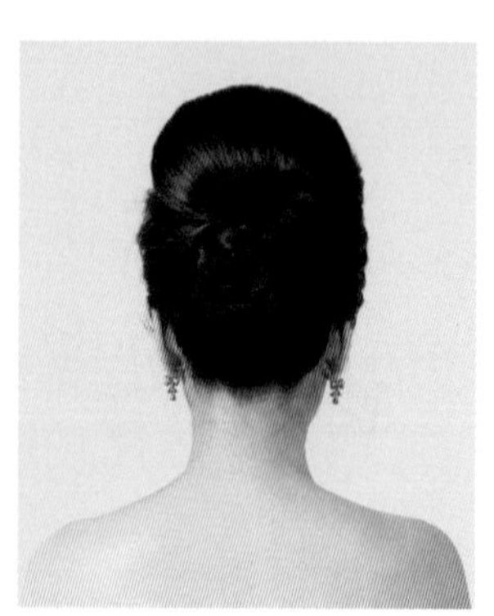

刮蓬 E 區後將髮束梳順。

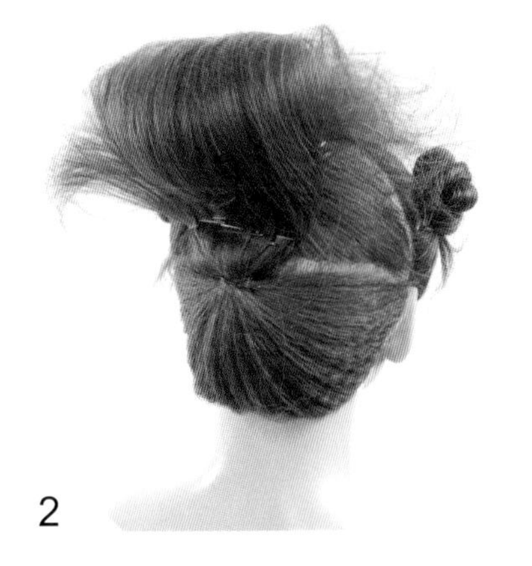

利用縫針式夾髮固定出預計的小髮髻高度。

梳成小型髮髻後固定。

將髮尾分爲左右兩束。

利用空心捲交錯。

刮蓬 D 區。

利用縫針式夾髮固定，預留髮棉位置。

加上髮棉並固定。

利用髮束包覆髮棉。

10

將髮尾收妥。

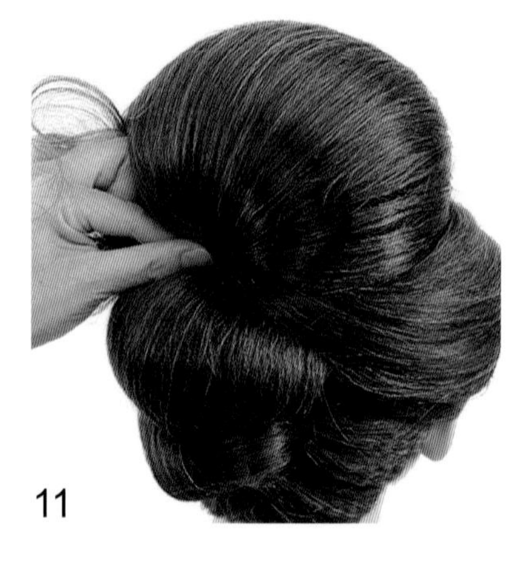

11

刮蓬 B 區，將頭髮梳順並收攏於髮髻後端。

12

取出 A 區少部分頭髮暫置於髮髻上備用，本造型之眞人模特兒因受限於頭髮的長度，因此眞人造型線條的造型範圍相較於假人造型少，特此說明。

13

略刮蓬 A 區後，取少量頭髮拉出線條。

14

逐步將線條覆蓋於髮髻。

15

利用定型噴霧固定流線。

16

刮蓬 C 區，梳順並固定於髮髻後方。

17

用預留的 A 區髮片做出線條，並加以梳整。

18

髮尾以手捲收尾固定。

06

繁華如夢 · 復古風情

1940 ～ 1960 年間女性造型變化豐富；五〇年代以前以包覆式髮型爲主流，五〇年代以後受到好萊塢影星與社會文化影響，短造型、叛逆的龐克造型蔚爲風尚，新娘造型設計運用不同年代特色爲設計概念，增添復古風情。

浪典
波古

造型重點

A、B、C 區透過手推波浪技法塑造，為造型主視覺區；D、E 區透過橫向與縱向包覆技法，塑造豐厚完美的髮型。

造型表現

曲線是塑造柔美造型的要素，手推波浪的曲線能修飾額頭並柔化臉型，亦可創造復古風情。

假人分區圖

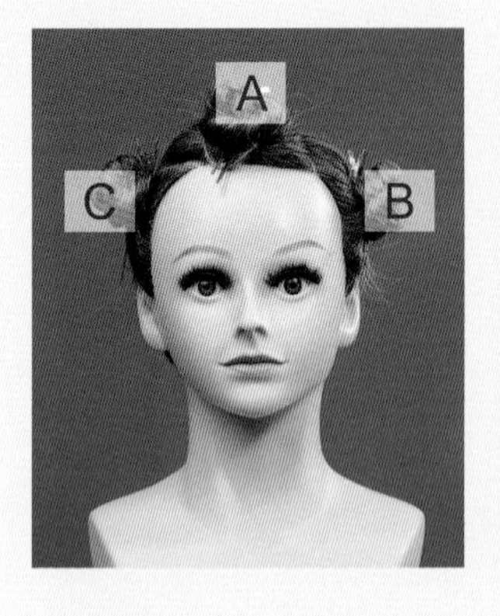

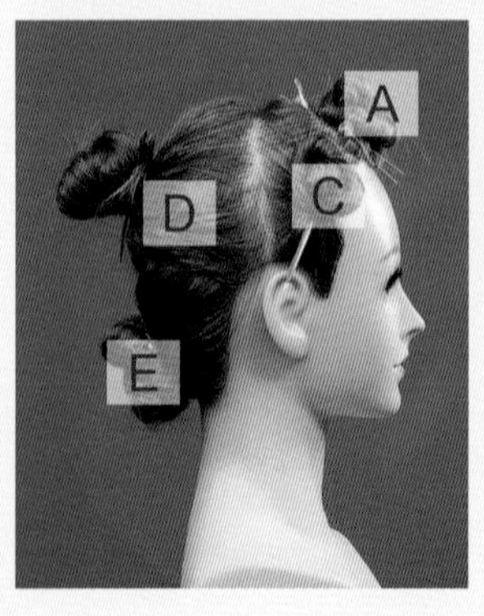

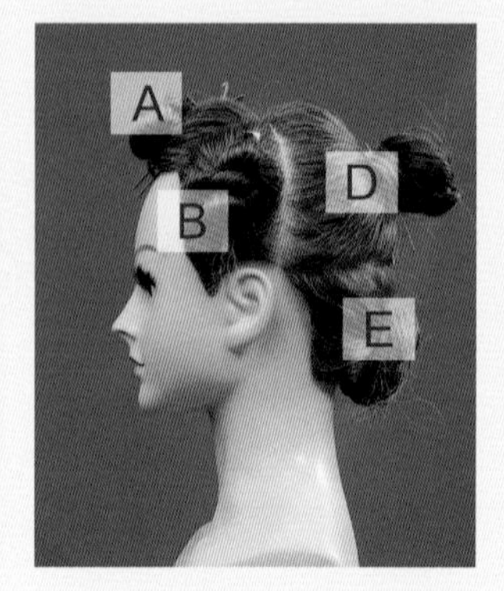

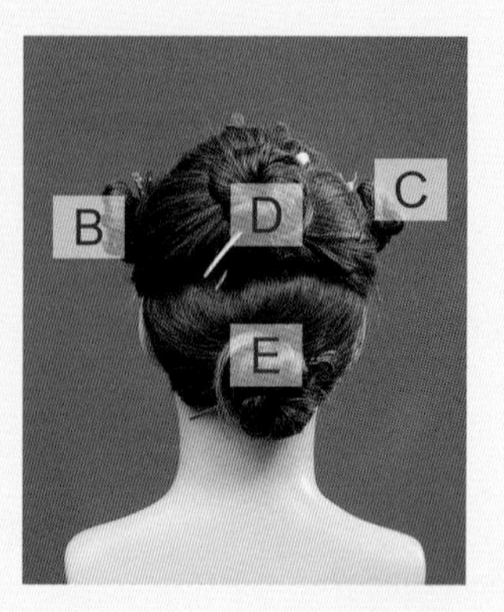

造型技巧

- 刮髮技法：本造型各區皆運用刮髮技巧。
- 包覆技法：D、E 區
- 手推波浪技法：A、B、C 區

假人完成圖

真人完成圖

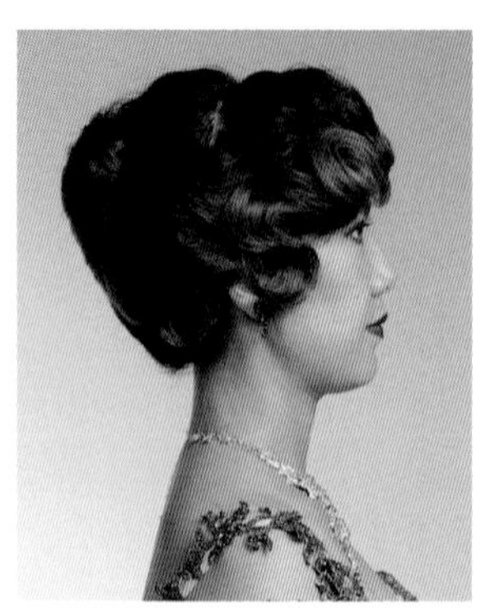

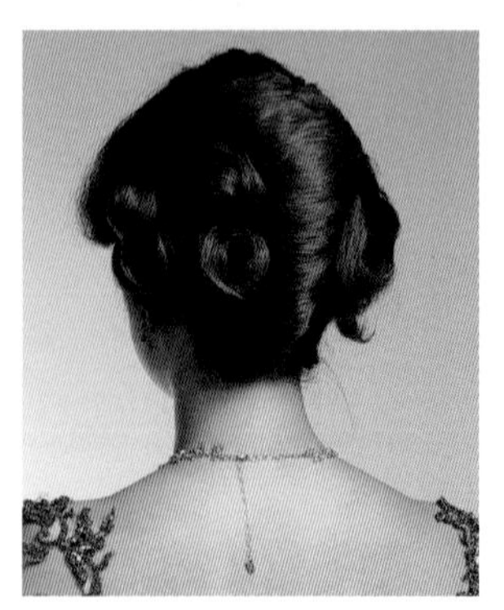

1

刮膨 D 區。

2

將頭髮梳順後，先固定中間。

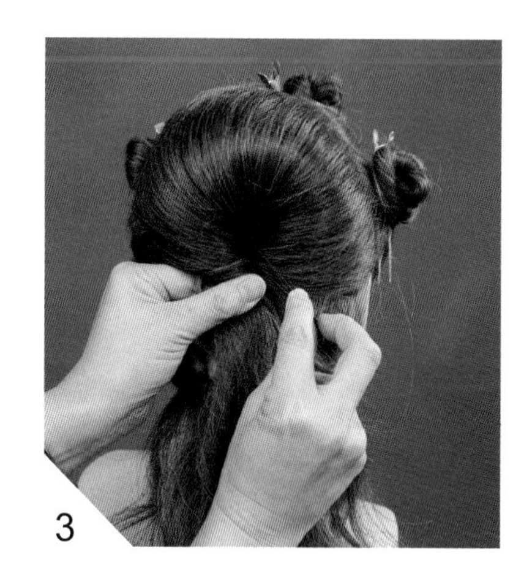

3

利用扭轉的技巧固定左、右兩側。

4

刮膨 E 區。

5

梳順後，以縫紉式固定法固定。

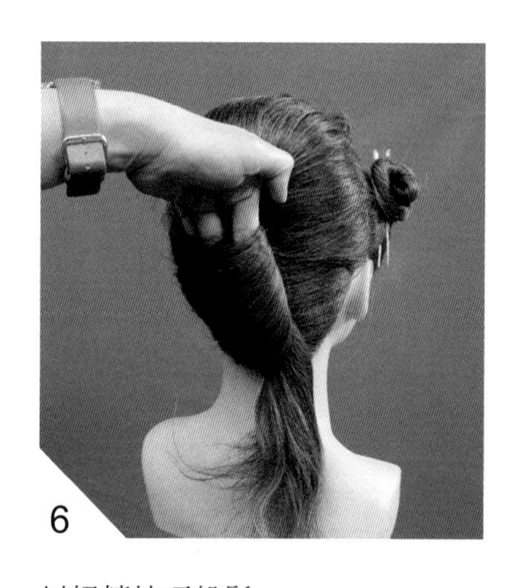

6

以扭轉技巧盤髮。

7

鴨嘴夾暫時固定，調整髮髻的弧度後以髮夾固定，髮尾收於髮髻中。

8

刮膨 C 區。

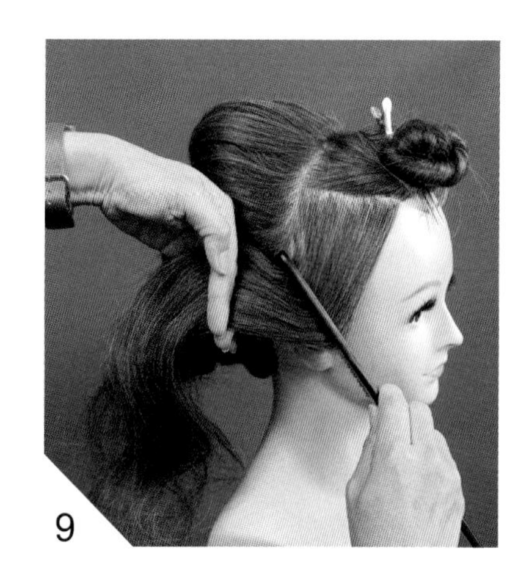

9

順時針方向梳出大 C 弧度，鴨嘴夾固定 C 弧度。

10

逆時針方向梳出大 C 弧度。

11

C 弧度完成後皆以鴨嘴夾固定，再以定型液定型。

12

刮膨 A 區。

13

梳出弧度後，以梳子撐出適當的角度，約 90 ～ 120 度。

14

將 B 區分成兩束髮片，分別刮膨後梳亮。

15

取下方髮片，逆時針方向梳出大 C 弧度。

16

以鴨嘴夾固定，扭轉收尾。

17

取上方髮片，順時針方向梳出大 C 弧度，鴨嘴夾固定 C 弧度。

18

逆時針方向梳出大 C 弧度。

19

將剩餘髮片交錯。

20

梳出適當弧度後固定。

21

C 區髮尾分次以電棒燙捲。

22

梳出 S 波浪後固定。

復古
波浪

造型重點

A 區為造型主視覺區，S 曲線自前額延伸至臉側，並利用 C 型的曲線特性與 B 區兩股編結銜接。

造型表現

「簡單」最容易表現美感，造型看似簡單，純熟的技巧與美感的呈現，是成就造型的關鍵。

假人分區圖

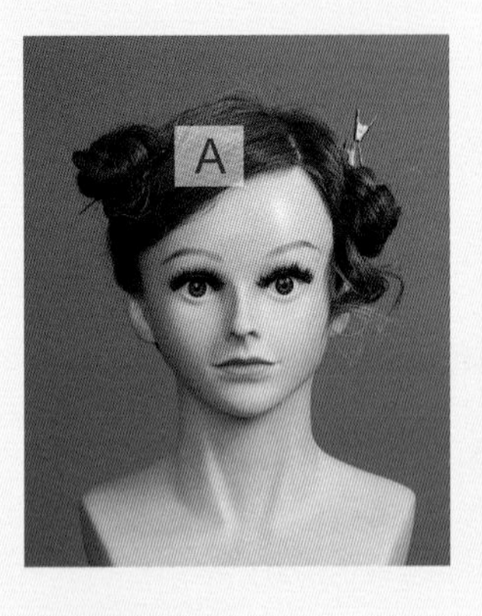

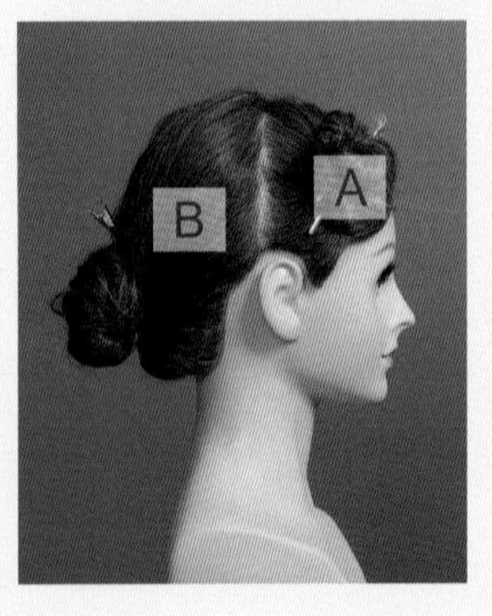

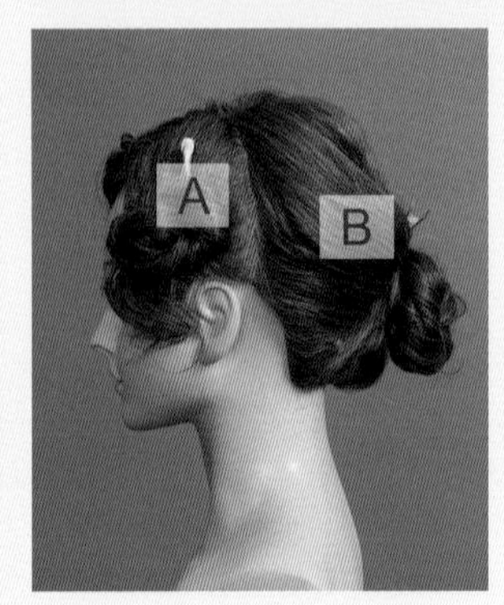

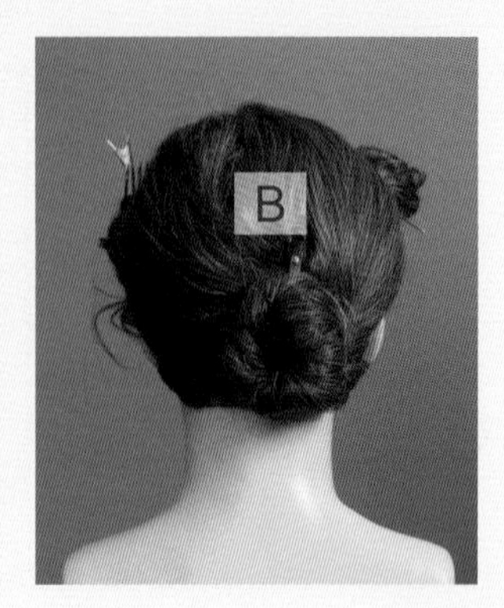

造型技巧

- 刮髮技法：本造型各區皆運用刮髮技巧。
- 手推波浪技法：A 區。
- 編結技法：B 區。

假人完成圖

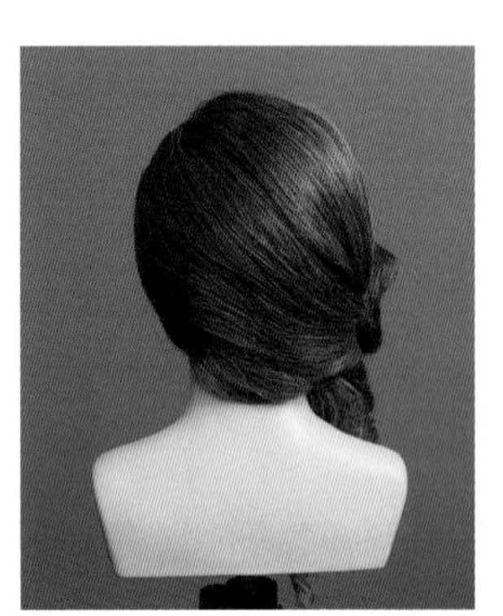

真人完成圖

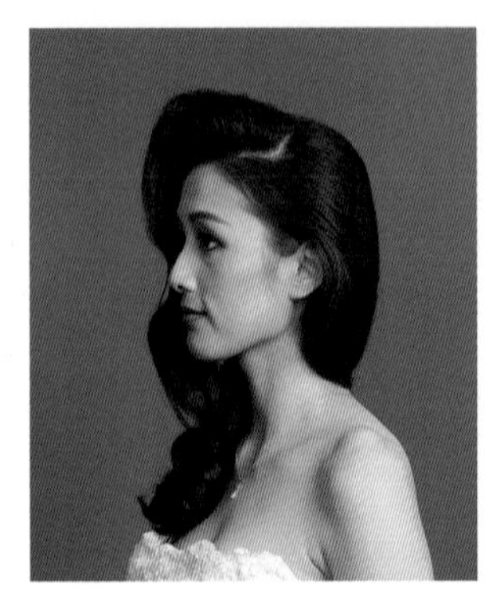

A 區刮膨。

梳順 B 區髮束。

分兩股，橡皮筋固定。

兩股編結。

刮膨 B 區。

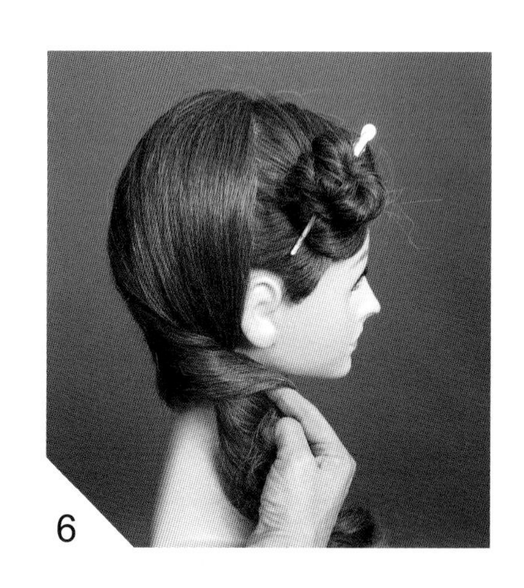

扭轉。

固定。

刮膨 A 區。

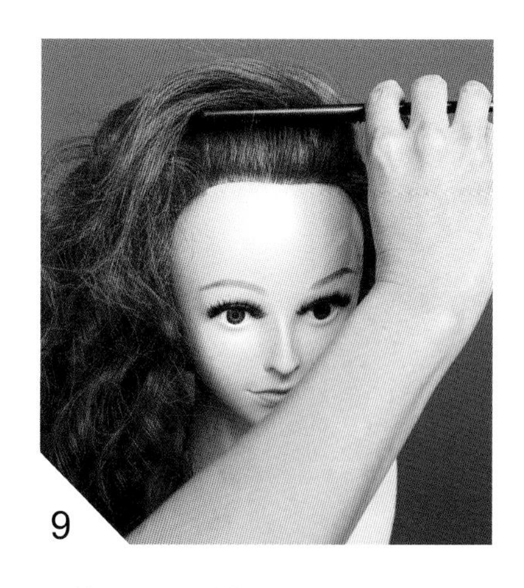

用梳子撐起前額頭髮角度。

定型液固定頭髮角度。

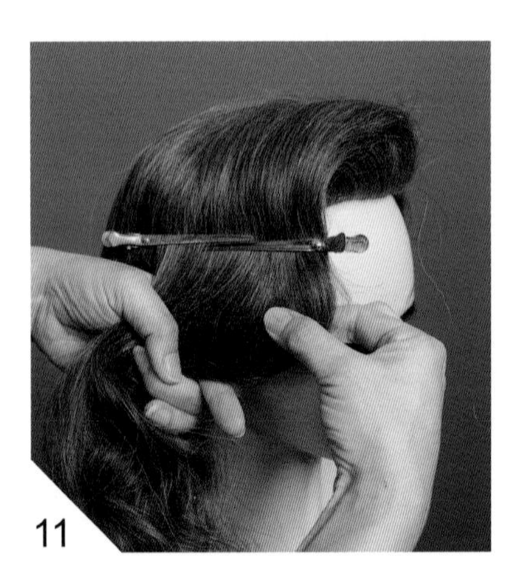

鴨嘴夾固定後，順時針拉出大C，並以鴨嘴夾固定。

逆時針拉出大C，並以鴨嘴夾固定。

反覆操作。

兩股編結收尾。

五
style
風華

造型重點

A、B、C 區以手推波浪塑造 C、S 曲線；D 區加強刮髮並以包覆技法塑造豐厚感，再以扭轉技法收攏呈現完美造型。

造型表現

蜿蜒、流暢 S、C 線條為本造型的主視覺，在豐厚華麗的髮髻襯托下，更顯五〇風華絕代的造型特色。

假人分區圖

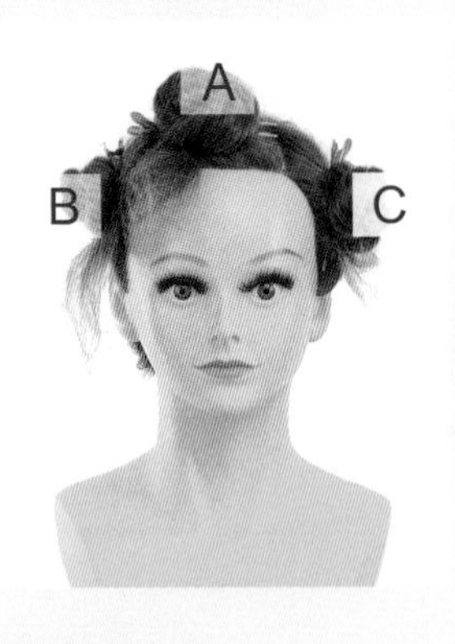

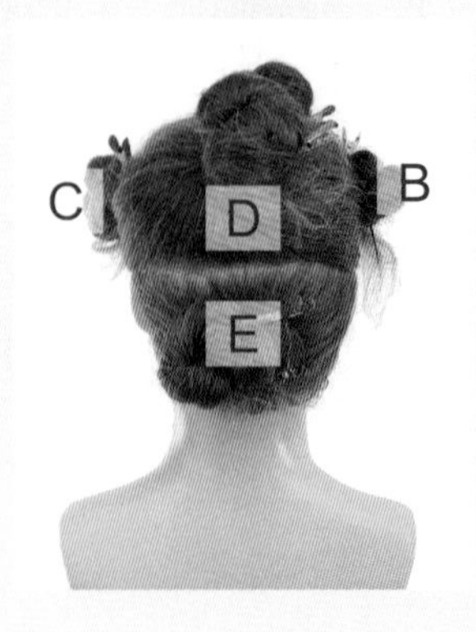

造型技巧

- 刮髮技法：本造型各區皆運用刮髮技巧。
- 扭轉技法：E 區。
- 手推波浪技法：A、B、C 區。
- 包覆技法：D 區。

假人完成圖

真人完成圖

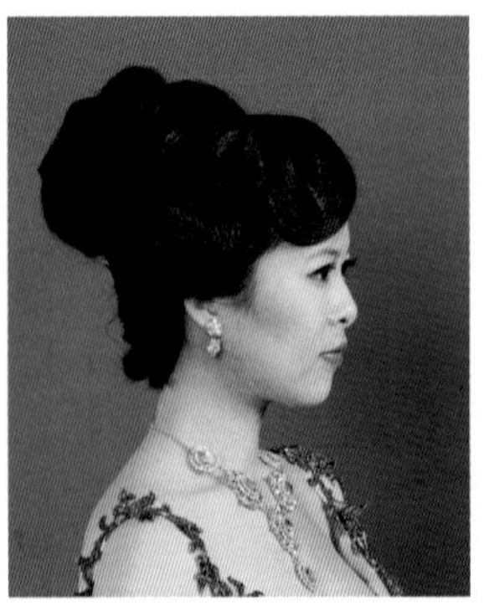

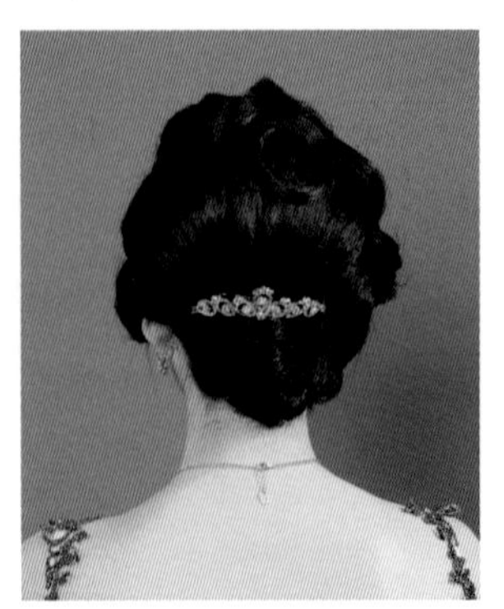

取 D 區髮束，於頂部黃金點間取三角區固定。

將 D 區剩餘的頭髮紮成馬尾並固定於黃金點。

刮蓬馬尾後梳順。

將圓形髮棉固定於頭髮基座之上。

將馬尾向後梳並包覆髮棉。

刮蓬 E 區。

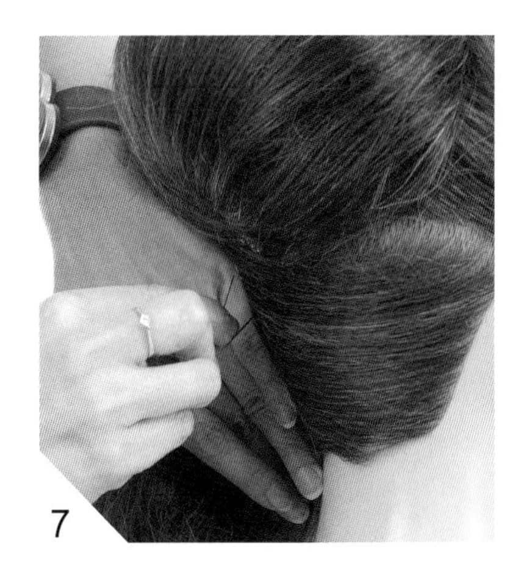

以縫針式夾法固定馬尾。

將頭髮側梳，以縫針式夾法固定。

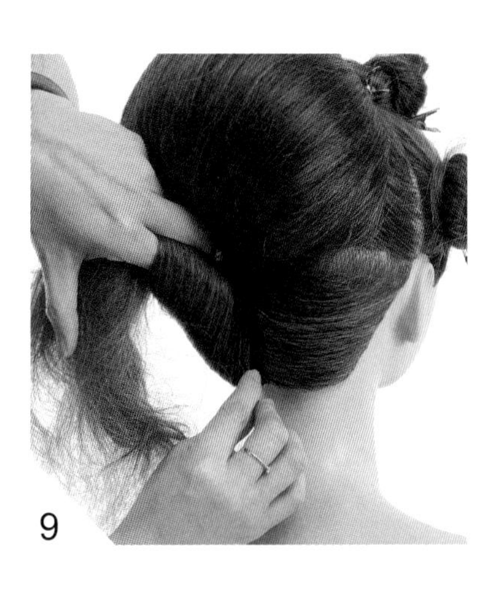

左側頭髮向中間扭轉固定。

10

刮蓬前面 D 區預留之小區。

11

將頭髮梳順後推出波浪。

12

完成後以定型噴霧固定。

13

取 B 區部分髮束暫時固定。

14

刮蓬其他 B 區頭髮，向後梳順並固定。

15

B 區預留的小區頭髮刮蓬並梳順。

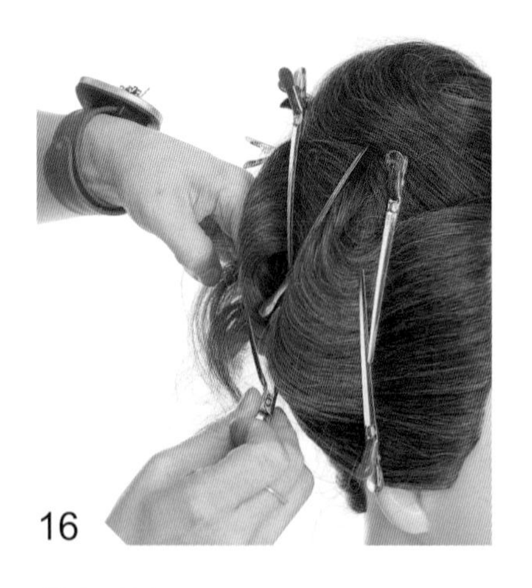

16

推出波浪。

17

刮蓬 A 區，並將前額的頭髮梳出線條。

18

以眉尾爲起點，推出波浪。

19 將髮束在耳後手捲收尾。

20 將 C 區頭髮梳順，同樣向後推出波浪。

21 波浪延伸至耳後，完成整體造型。

22 將 A 區髮束依照造型整體感手捲收尾。

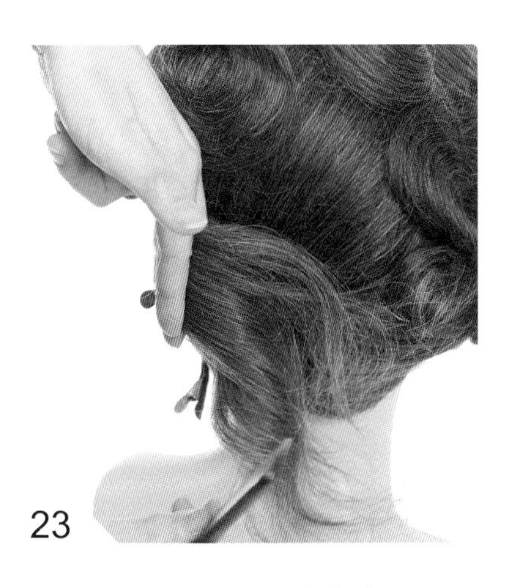

23 將 B 區髮束與 E 區做連結。

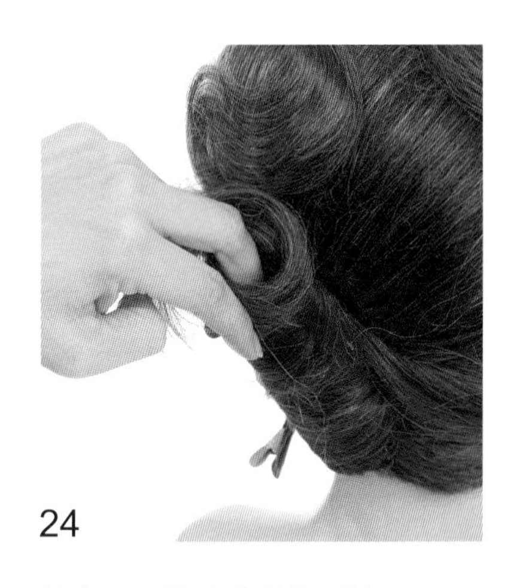

24 做出空心捲爲造型的延續。

07

婉約優雅 · 韻律堆疊

「捲」的技法是髮型設計中，經常會運用的技巧。它的作法是先將定量的髮片或髮束，做出捲筒形狀後固定，固定時可以疊加擺放，以增加髮型飽滿度與層次感。在做新娘髮型設計時，將扭轉技法搭配上空心捲技法，更替整體造型添加蓬鬆、優雅的線條感，營造出多層次且百變的風情。

成熟
mature
時尚

造型重點

A 區為造型主視覺區，A 區瀏海高度以及垂墜的流線為修飾臉型的關鍵，當模特兒的臉型或額頭偏長，則應降低瀏海的高度，甚至完全不賦予瀏海角度，直接將流線垂墜於側臉；D 區為副視覺區，透過空心捲塑造出造型外觀。

造型表現

相較於工整的直線條，曲線呈現婉約、柔美的視覺印象，前額垂墜的流線能修飾臉型，除了在視覺上對於寬臉者有縮小的效果，短臉者則有拉長的效果外，更替整體造型增添浪漫風情。

假人分區圖

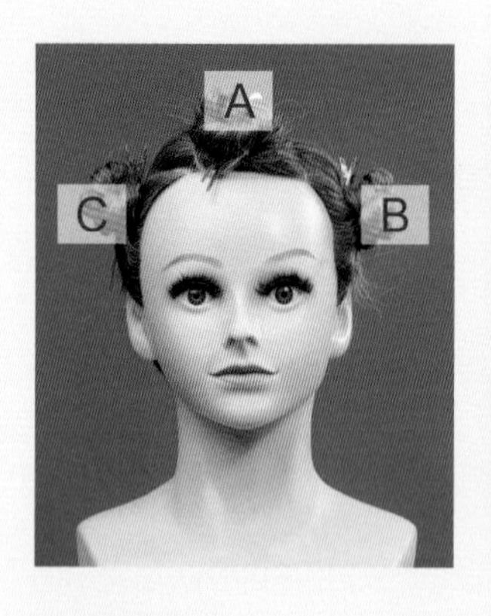

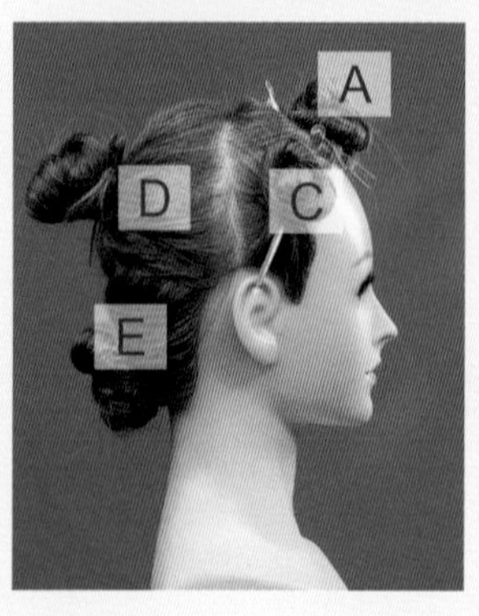

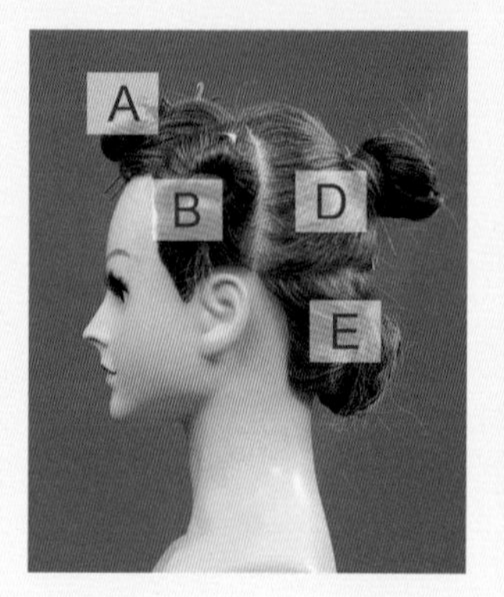

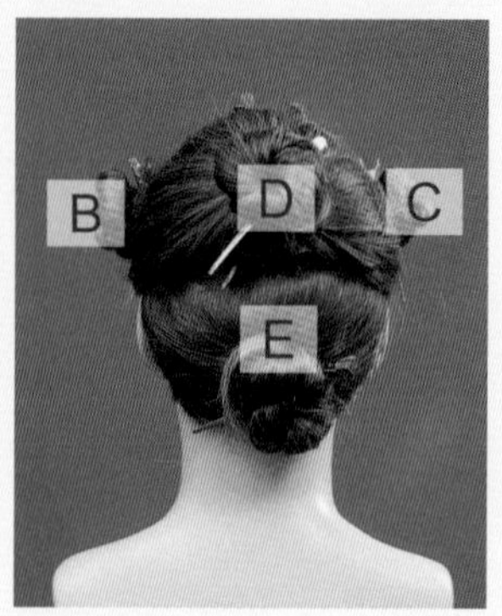

造型技巧

- 刮髮技法：本造型各區皆運用刮髮技巧。
- 扭轉技法：B、C、E 區。
- 空心捲技法：D 區。

假人完成圖

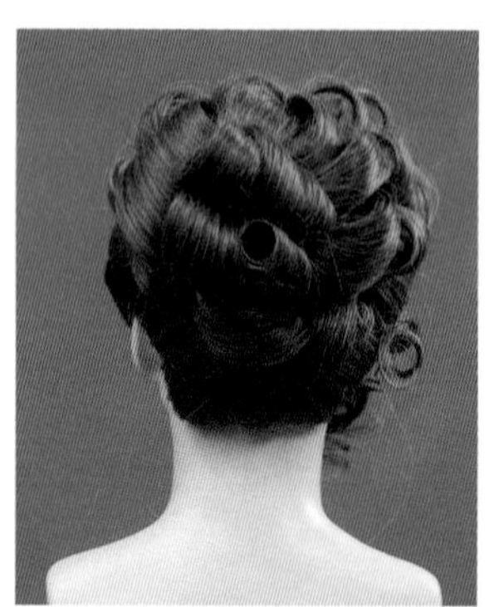

真人完成圖

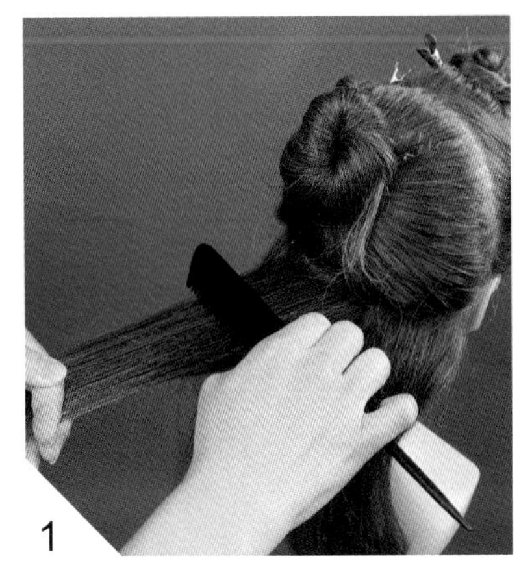

刮膨 E 區。

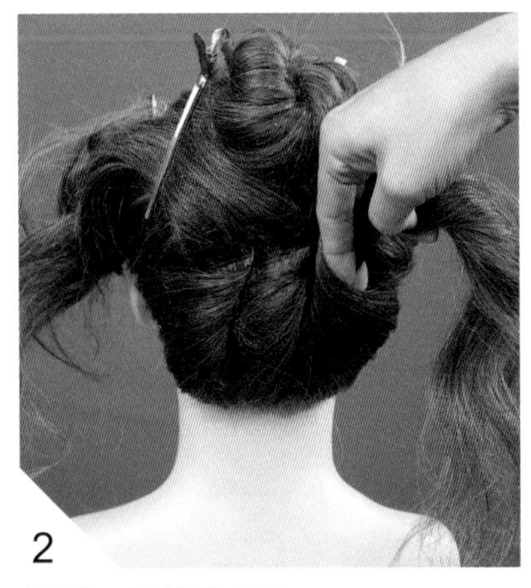

梳順、扭轉後固定。

刮膨 B 區。

B、C 區梳順、扭轉後固定。

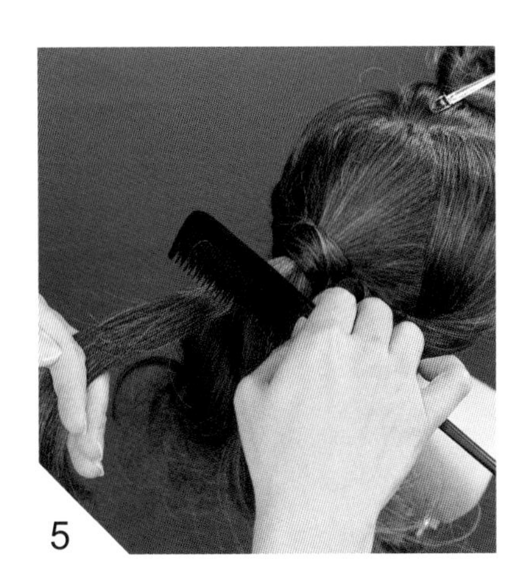

取 D 區髮片，刮膨。

採空心捲法，保留髮尾，僅固定髮片中段。

前一步驟保留的髮尾，再做一個空心捲，以擴大髮髻的面積。

D 區髮片均以順時針方向重複以空心捲技巧完成髮髻。

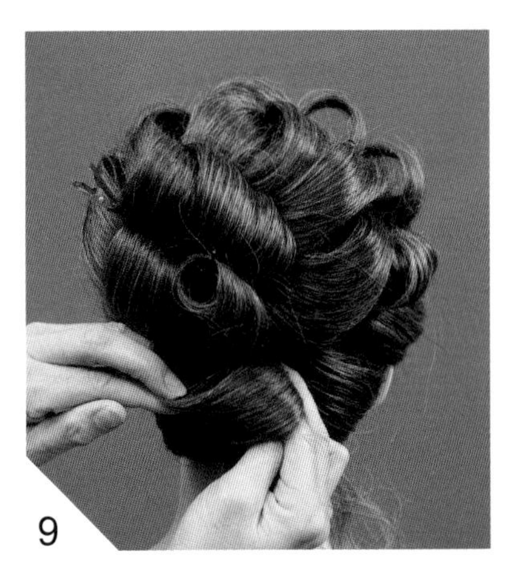

最後一髮片以空心捲技巧收尾。

10

刮膨 A 區。

11

梳出弧度後，以梳子撐出適當的角度，約 90 ～ 120 度。

12

噴定型液，待乾後抽離梳子。

13

將 A 區分爲二髮片，將髮片交錯。

14

取下方髮片，以梳子定位，拉成大 C 的弧度。

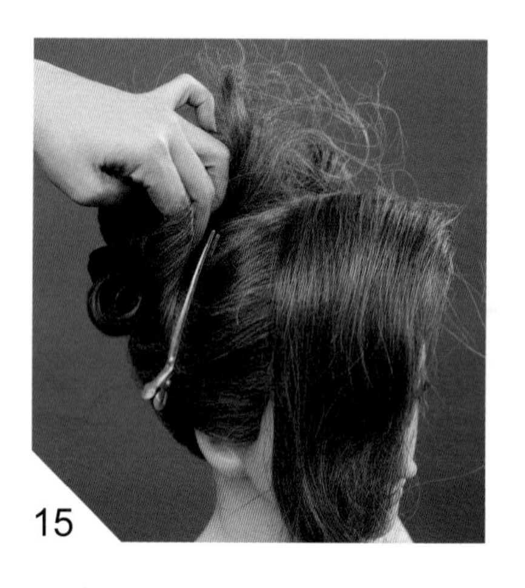

15

以鴨嘴夾定型，將髮尾扭轉，收尾。

16

取上方髮片，以電棒向後翻捲。

17

整理線條，定型液定型。

六〇
雅緻
Exquisite

造型重點

本造型全區以空心捲為操作技巧，在整髮階段，空心捲的運用能使頭髮蓬鬆並賦予捲度外，透過空心捲的排列，可塑造特有風格的髮髻。

造型表現

本造型以空心捲的捲度排列成髮髻，呈現雅緻的六〇年代風情。

假人分區圖

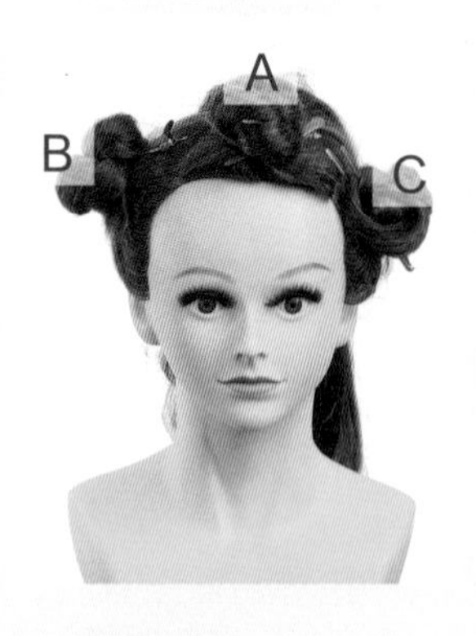

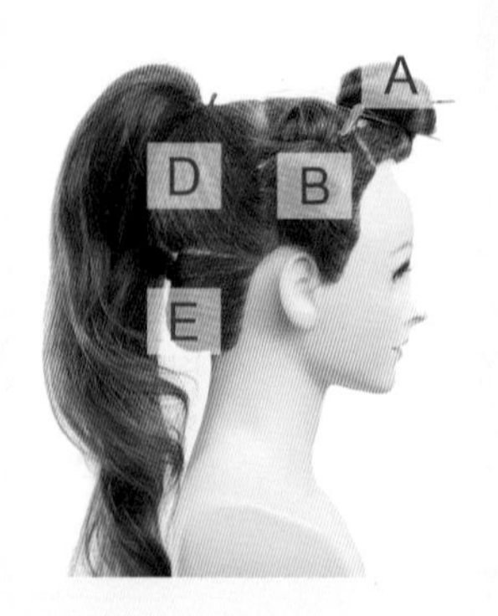

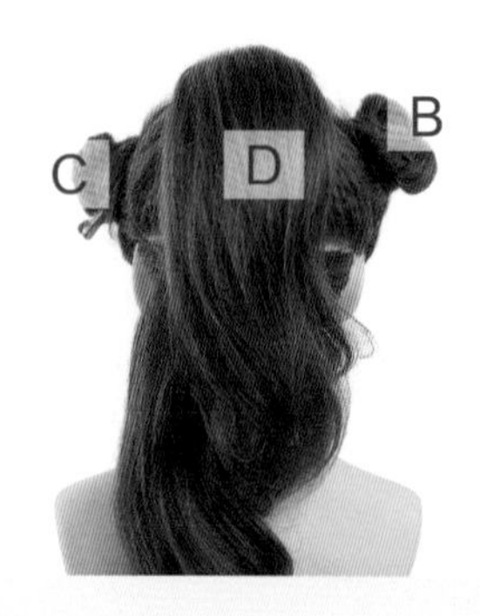

造型技巧

- 刮髮技法：本造型各區皆運用刮髮技巧。
- 空心捲技法：A、B、C、D 區。

假人完成圖

真人完成圖

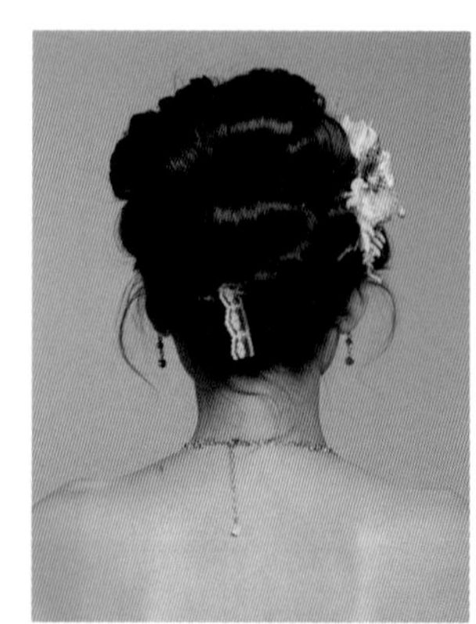

1

取少許髮棉，將其固定於 E 區馬尾下方。

2

利用髮尾包覆髮棉並留下髮尾。

3

刮蓬 B 區。

4

後梳並固定。

5

刮蓬 C 區，後梳並固定。

6

刮蓬 A 區，後梳並固定。

7

取適量髮束。

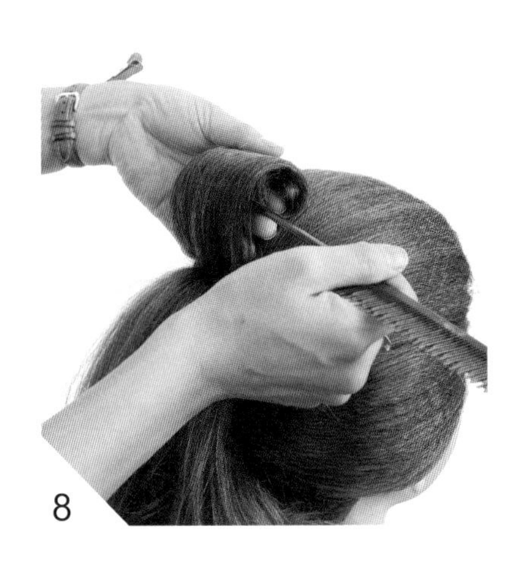

8

刮髮後做出空心捲。

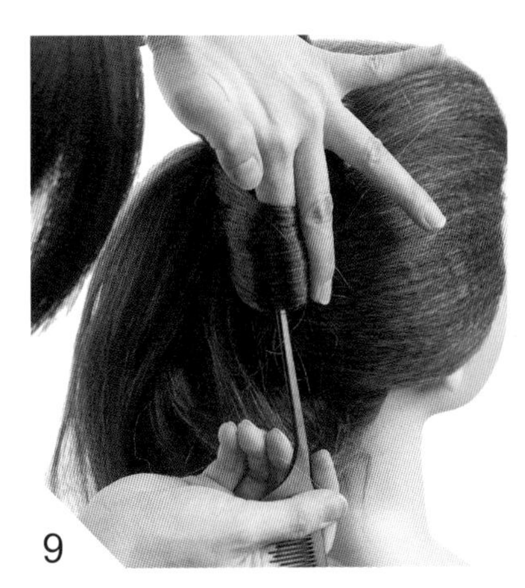

9

以馬尾爲中心。

10

環繞著馬尾做出第一層空心捲。

11

利用堆疊的排列方式，做出第二層空心捲。

12

將E區髮束一分爲二，完成交錯的空心捲。

甜美赫本風

Hepburn

造型重點

位於頂點與黃金點間的髮髻是本造型之基礎，在此基礎上以立體線條修飾前額並延伸至髮髻，以增加造型的立體感。

造型表現

奧黛麗赫本優雅的形象深植人心，古典溫婉的造型適用於宴會造型，設計者可搭配當代流行元素進行造型變化。

假人分區圖

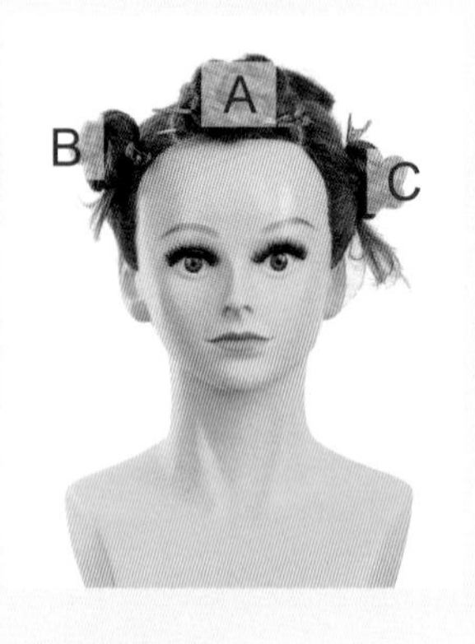

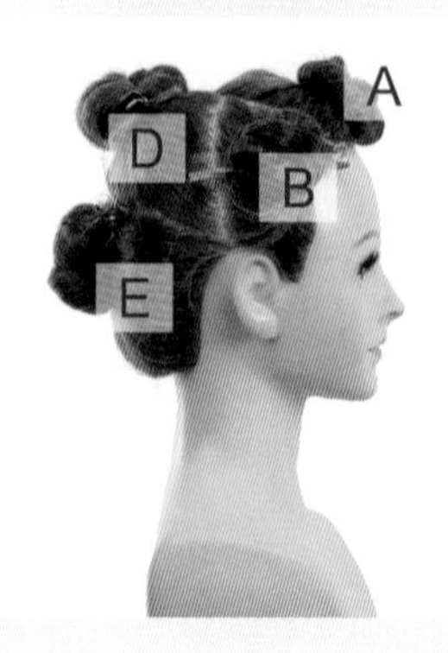

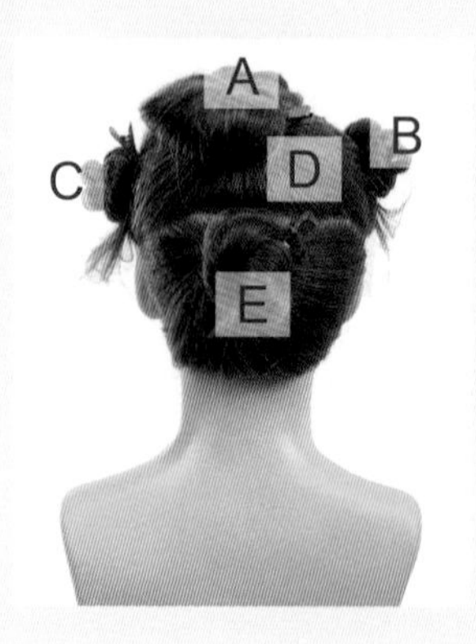

造型技巧

- 刮髮技法：本造型各區皆運用刮髮技巧。
- 空心捲技法：A、B、C、E 區。

假人完成圖

真人完成圖

假人分區圖

1

取E區髮束，以縫針式夾法固定。

2

抓蓬髮尾並梳成髮髻，製作髮髻時，以縫針式夾髮固定，留下髮尾，以利步驟三之進行。

3

將剩餘的髮束分兩等分，以空捲方式交錯固定。

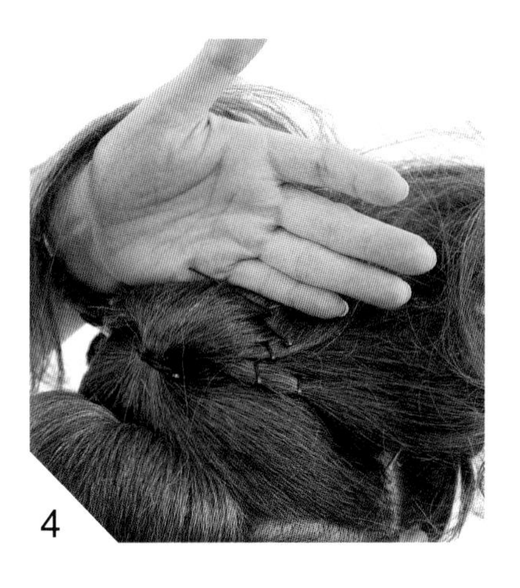

4

取D區髮束，刮蓬後梳順，以縫針式夾法固定。

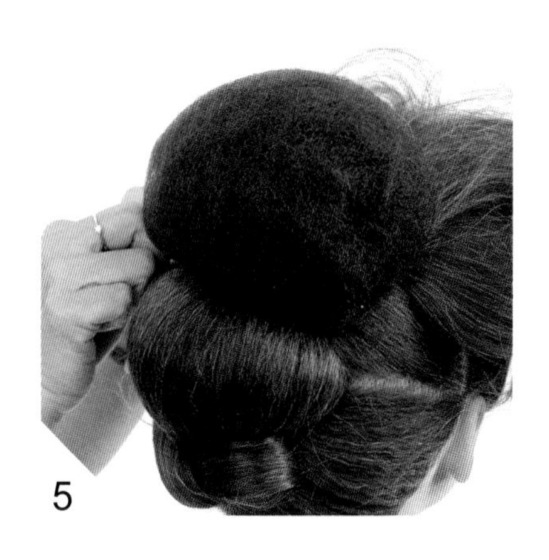

5

取圓形髮棉固定於D區。

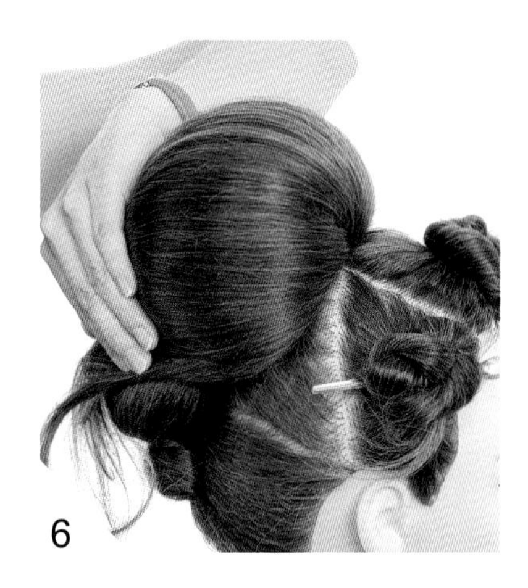

6

取D區髮束包覆髮棉。

7

梳順並調整髮髻的弧度，將髮尾收妥。

8

刮蓬A區。

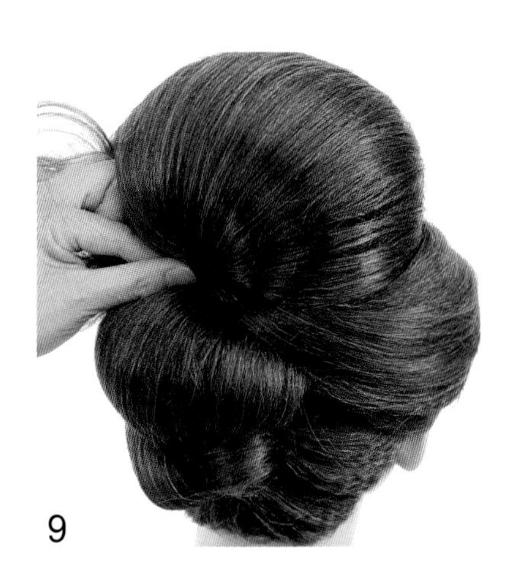

9

將髮束後梳並固定於髮髻後方。

10

自 A 區取適量髮片暫置於髮髻上備用。

11

取少數髮片拉出流線，暫置於髮髻上。

12

逐步拉出流線覆蓋髮髻。

13

利用定型噴霧固定線條。

14

刮蓬 C 區。

15

將髮束梳順後，固定於髮髻後方。

16

A 區拉出流線覆蓋於髮髻。

17

注意流線間距的整體美感。

18

利用手指捲方式收攏髮尾。

浪漫
曲線
Làngmàn

造型重點

A 區後梳的公主頭簡單優雅，能突顯主視覺 B 區捲曲、流暢的線條；A 區的直線與 B 區曲線交界，綴以雅致的乾燥花飾，有畫龍點睛之效。

造型表現

造型的「體積」是造型設計時應考量的重點，宴會禮服與日常衣服有些許差異，除了衣服質材不同外，禮服的「體積」亦有差別，在「長」、「膨」或「特殊」設計下，宴會髮型不宜塌、扁，應與宴會禮服相呼應，方能擁有完美的整體造型。

假人分區圖

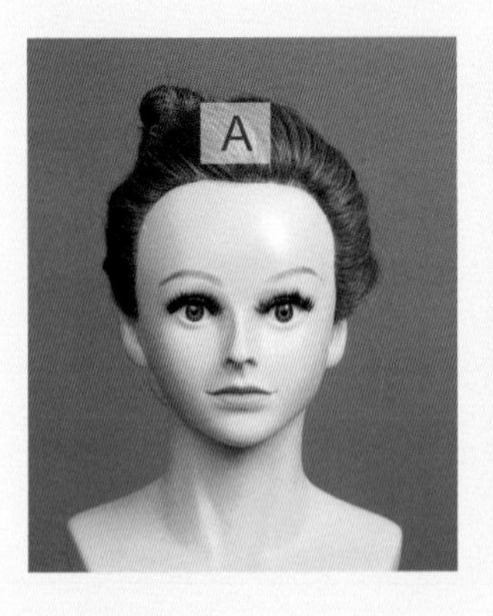

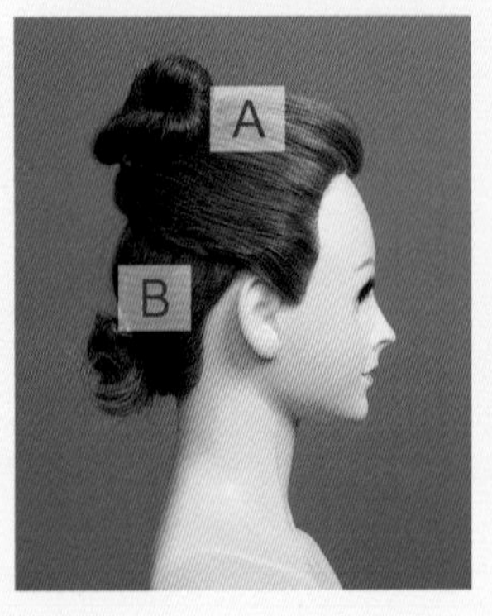

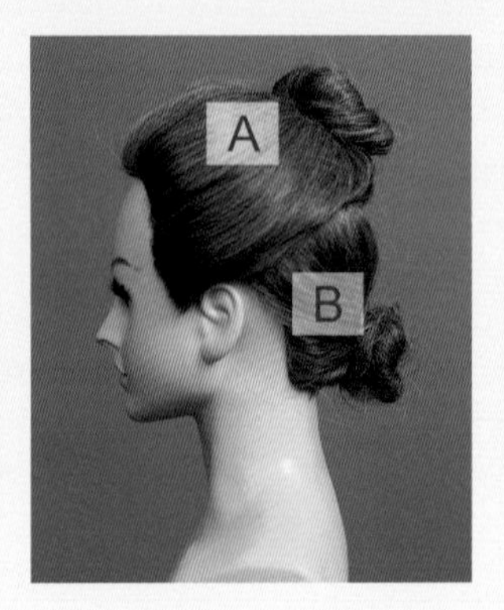

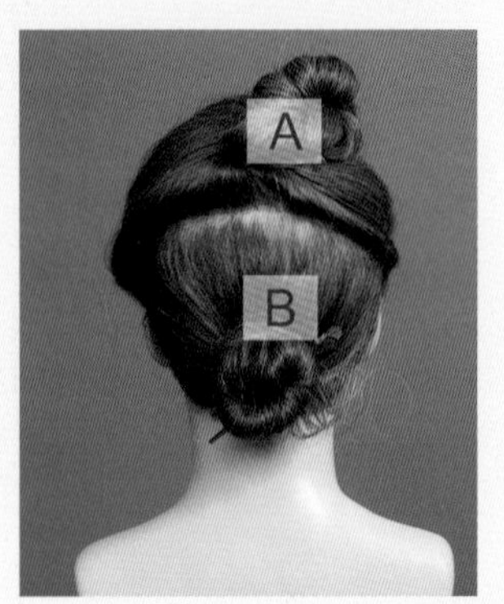

造型技巧

- 刮髮技法：本造型各區皆運用刮髮技巧
- 空心捲技髮：B 區。
- 手推波浪技法：B 區。
- 抽、拉技法：B 區。

假人完成圖

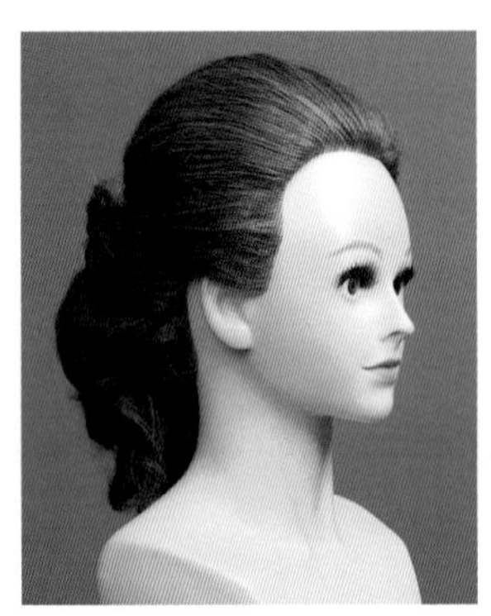

真人完成圖

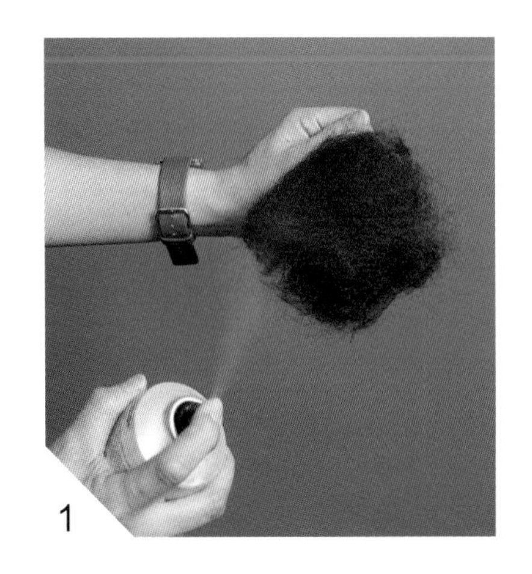

取約手掌大髮棉，塑成圓形以定型液固定。

將髮棉固定於 A 區下方，刮膨 A 區。

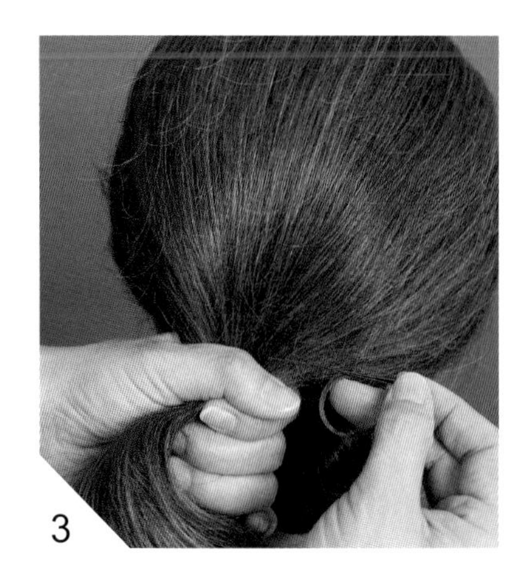

梳順後以橡皮筋固定。

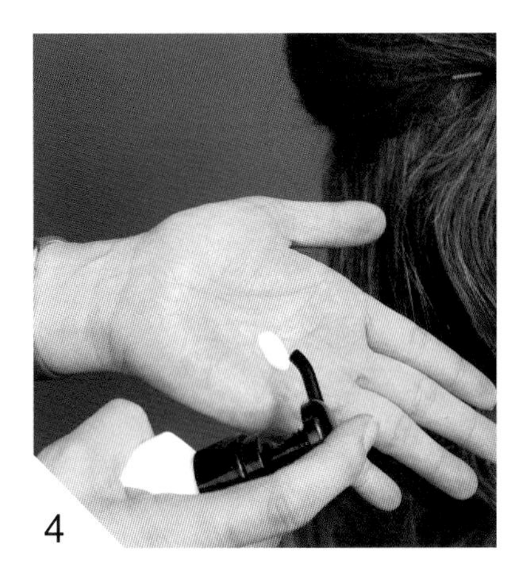

取適量塑型髮品，於手掌心搓勻後塗抹於髮束，有助於波浪定型。

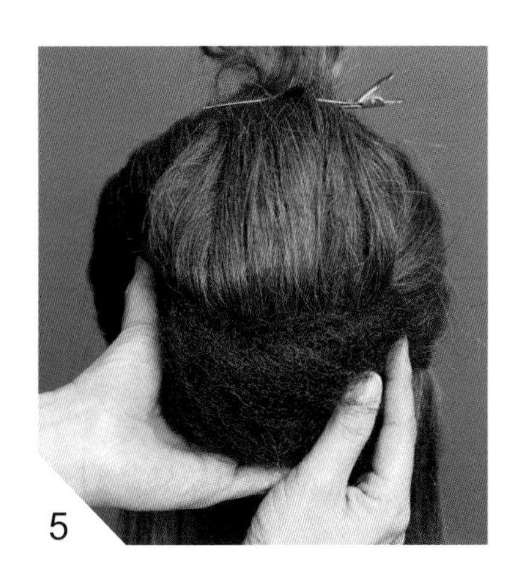

刮膨 A 區髮片。

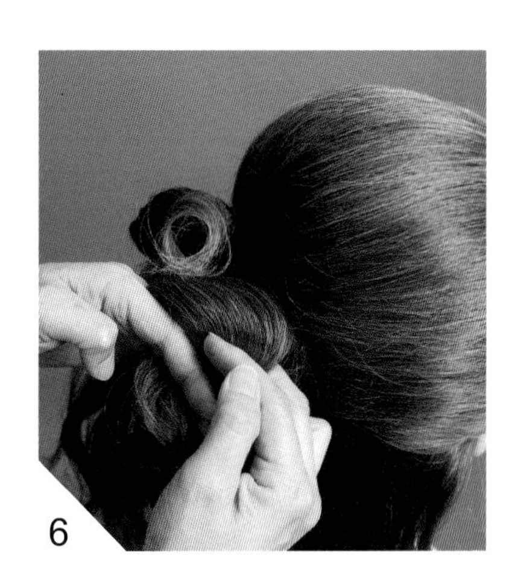

梳順後塑成 C 型。

塑形時可將髮片順時針或逆時針擺放。

刮膨 B 區髮片。

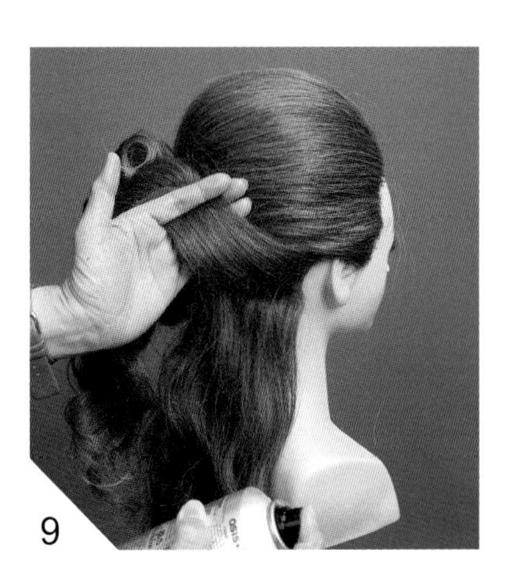

梳順髮片，翻轉後局部固定。

髮尾塑出 S 波浪。

製作 S 波浪時，以鴨嘴夾暫固定，待塑形完成再抽離。

重複前述操作步驟。

S 波浪是由兩個不同方向的 C 所構成，塑 C 後的「拉」是賦予完美 C 的重要技巧。

「推」是塑造 C 型時相當重要的步驟。

造型最後以翻、轉的方式收尾。

08

柔美螺旋 · 俏麗可人

「手捲」技法是髮型設計中，必學的基本技巧。相較於一般的包頭造型，搭配手捲技巧的髮型設計，它的整體變化更加豐富。在做手捲造型時，需確保髮片或髮束乾淨光滑，這樣處理後的頭髮才會顯得精緻、滑順。依據造型需求做適當調整，營造出自然而流暢的弧度，展現新娘的婉約之感。

曲線包覆

Coated

造型重點

極致豐厚的髮髻為造型主視覺，髮髻之間的手推波浪則作為亮點點綴。

造型表現

正、側、後面的視角見豐厚髮髻依附於頸肩，蜿蜒且流暢的S、C線條，於氣質造型中增添華麗感。

假人分區圖

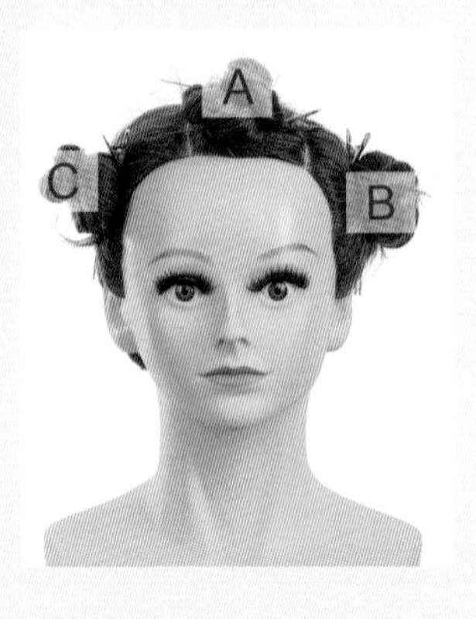

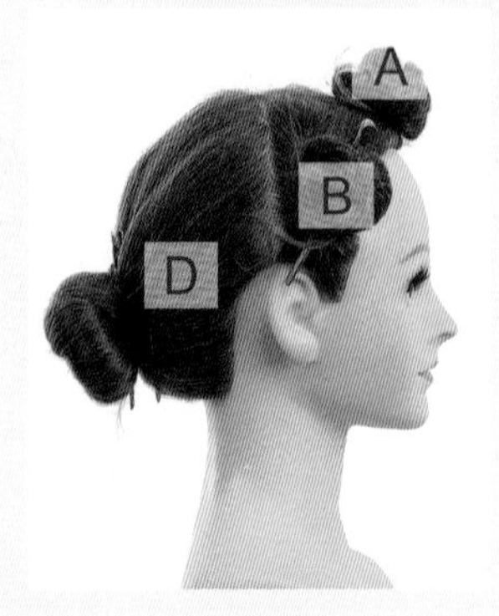

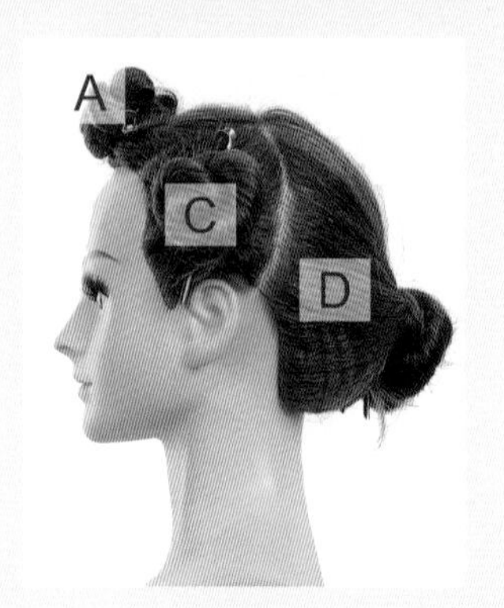

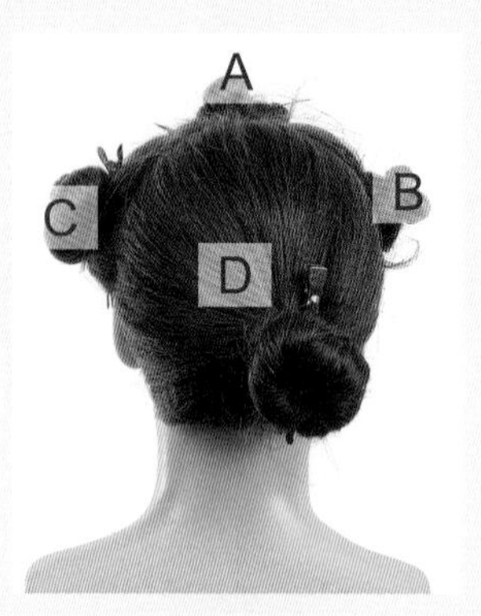

造型技巧

- 刮髮技法：本造型各區皆運用刮髮技巧。
- 包覆技法：D 區。
- 手推波浪技法：A、B、C 區。

假人完成圖

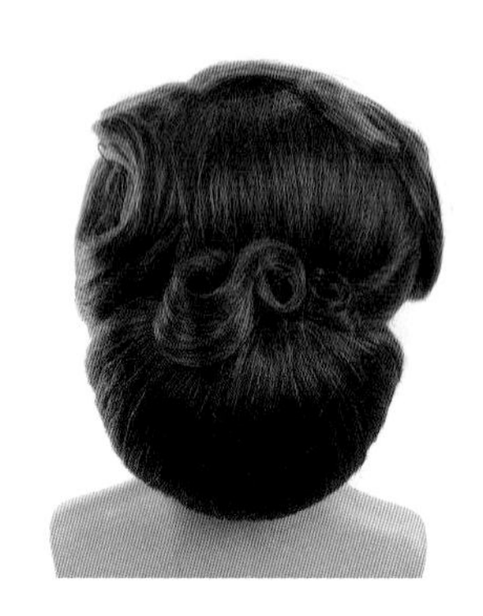

真人完成圖

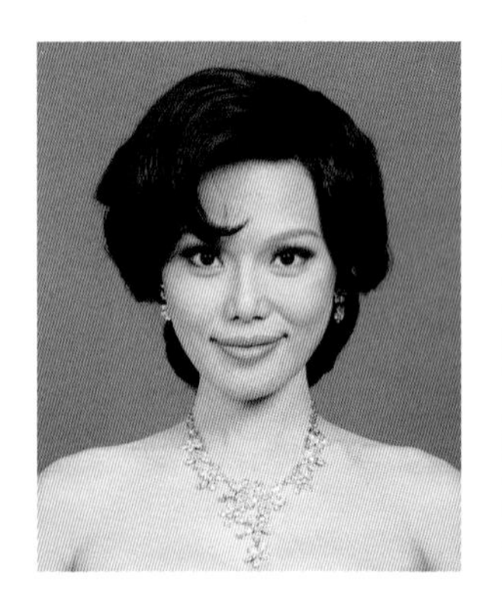

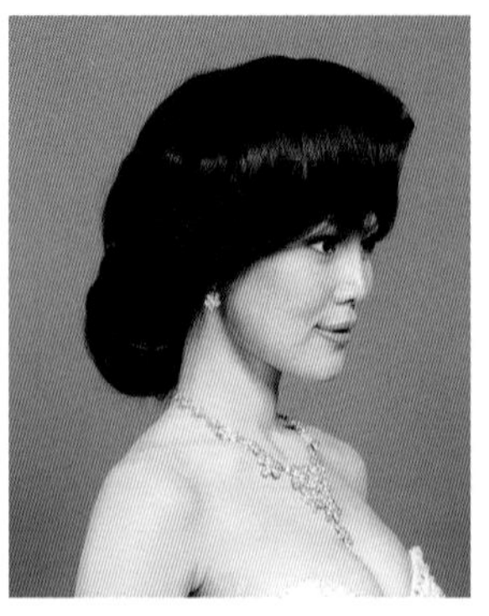

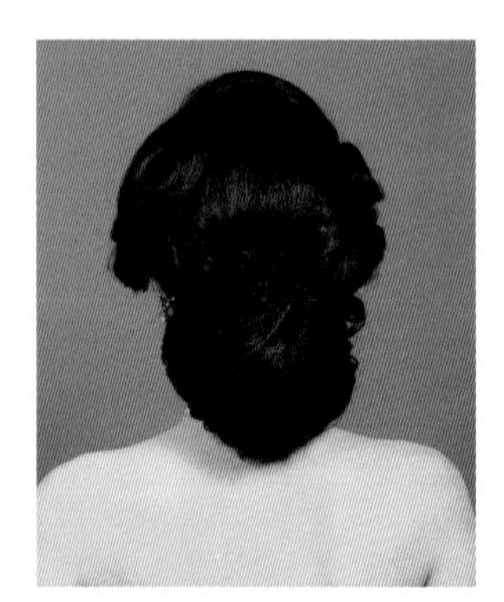

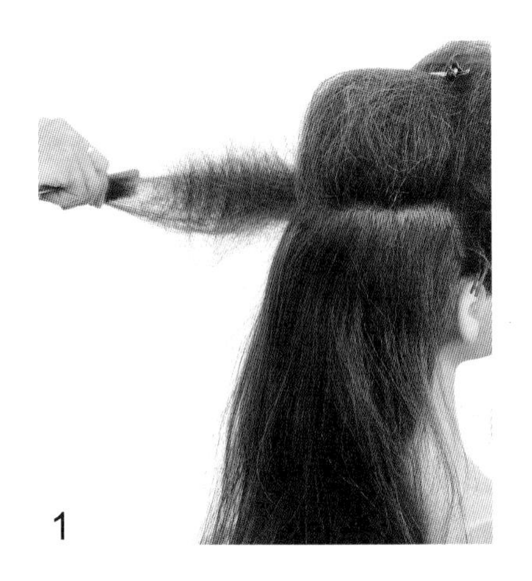

刮膨 D 區。

先鴨嘴夾固定頭型。

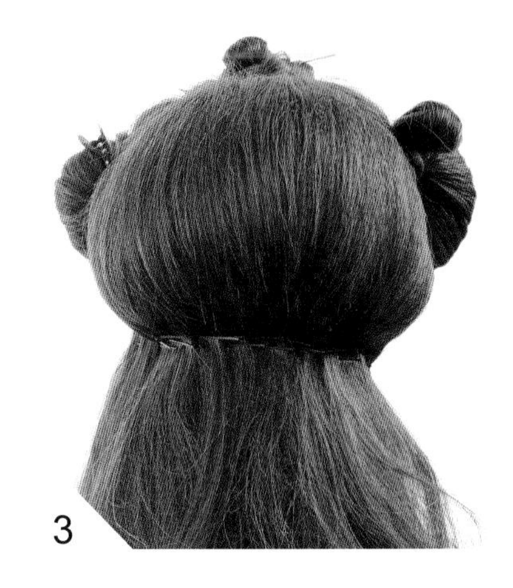

以縫針夾法固定。

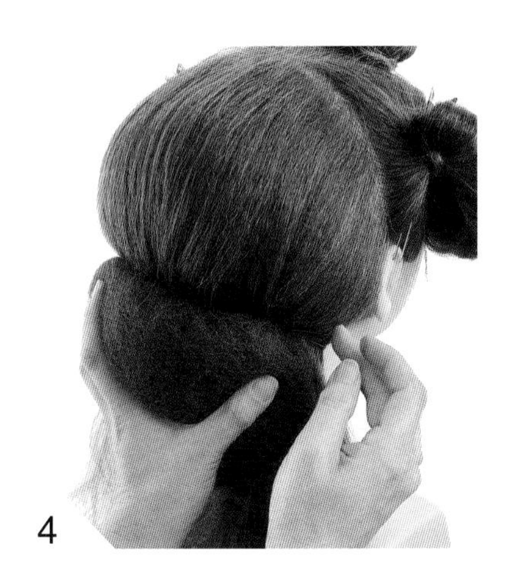

取髮棉固定於枕骨下方。

利用頭髮包覆遮蓋髮棉。

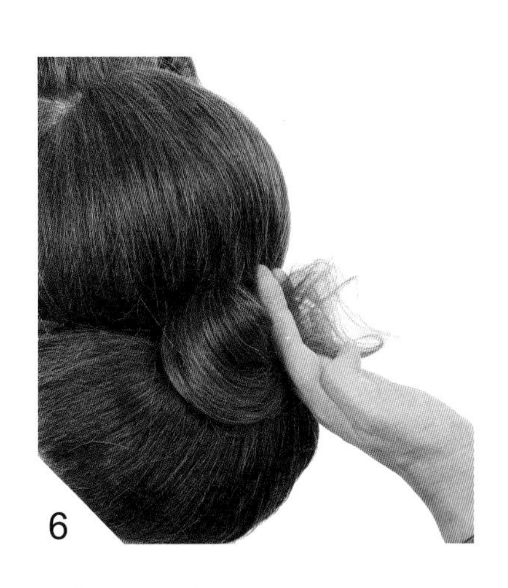

髮尾梳出 S 型流線。

刮蓬 B 區。

以手捲方式將髮尾固定於髮髻間。

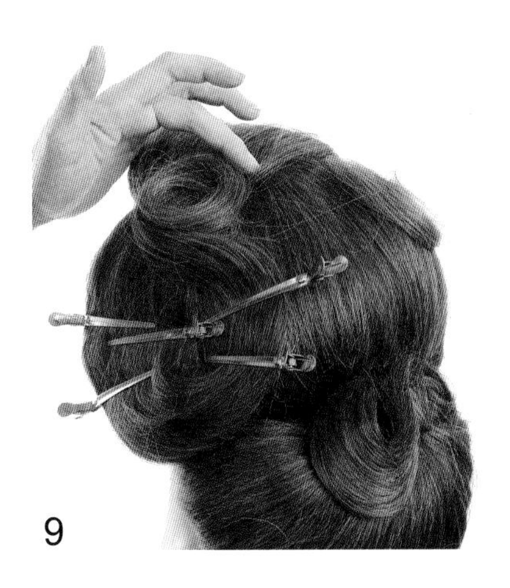

刮蓬 A 區梳出弧線後以鴨嘴夾暫時固定。

將髮尾梳成 S 曲線。

刮蓬 B 區。

將頭髮梳成 U 型弧線。

利用手捲方式收尾。

用 U 型夾固定，並噴灑定型噴霧。

待定型噴霧乾燥後取下鴨嘴夾。

四〇
時尚
fashion

造型重點

E 區以包覆技法呈現完美弧度及豐厚的髮髻；A、B、C、D 區以手推波浪，用大、小、疏密、遠近的組合，排列出完美的視覺感。

造型表現

四〇年代的上海是繁華與時尚感的象徵，仕女們穿著剪裁合身的旗袍，打扮著講究的髮型、妝容，造就經典的四〇年代風華。

假人分區圖

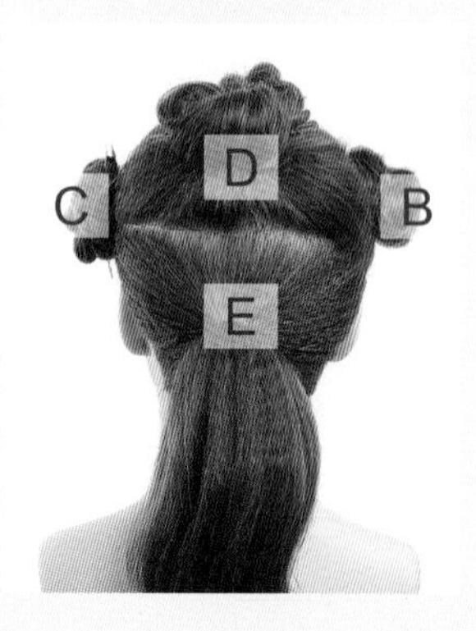

造型技巧

- 刮髮技法：本造型各區皆運用刮髮技巧。
- 包覆技法：E 區。
- 手推波浪技法：A、B、C、D 區。
- 手指捲技法：A、B、C、D 區。

假人完成圖

真人完成圖

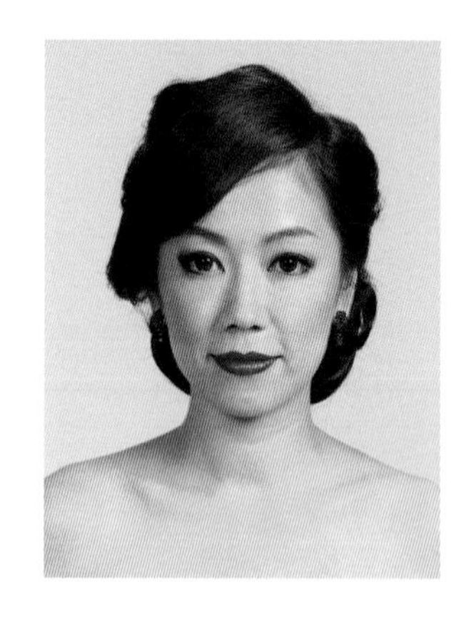
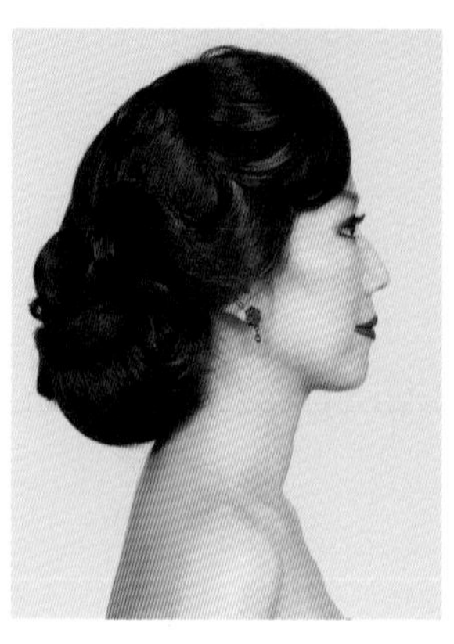

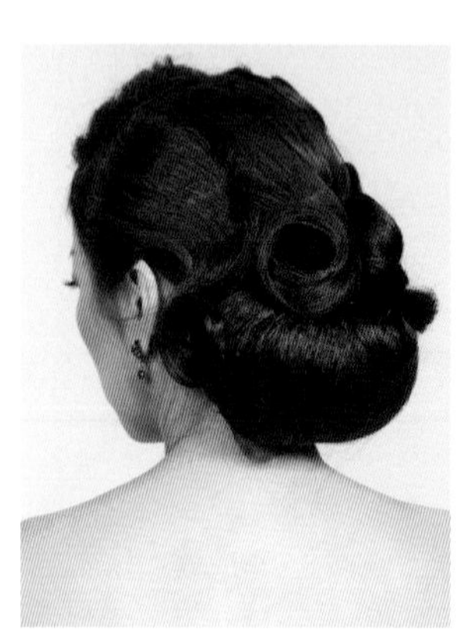

髮棉固定於 E 區馬尾下方。

將頭髮刮蓬。

梳順後包覆髮棉。

髮尾收攏於髮髻內側。

調整髮髻弧度。

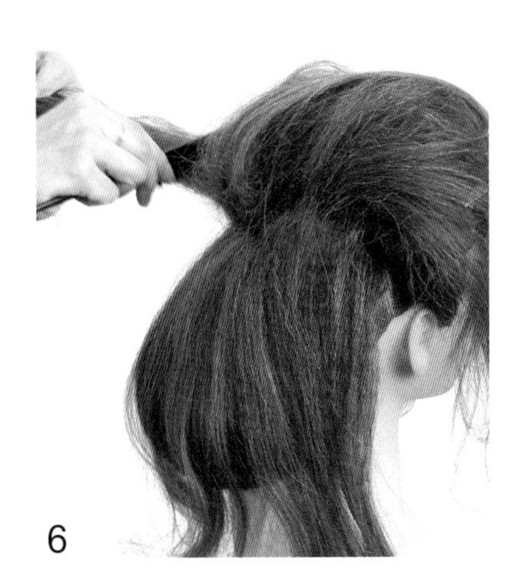

刮蓬 D 區。

梳順頭髮後以鴨嘴夾暫時固定。

將髮束拉出 U 型流線。

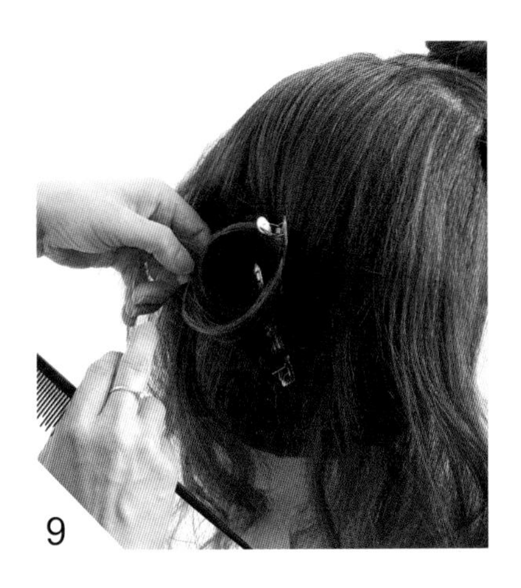

順著梳出圓弧型。

10

將髮束拉出 U 型流線。

11

朝 U 型反方向梳出圓弧型。

12

完成第二個流線。

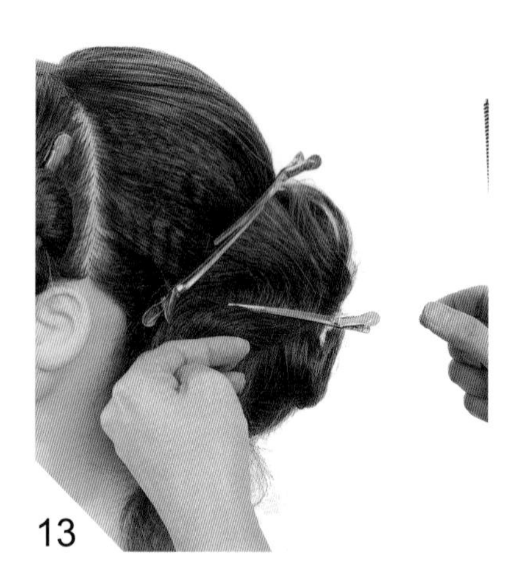

13

利用鴨嘴夾梳出 S 型流線。

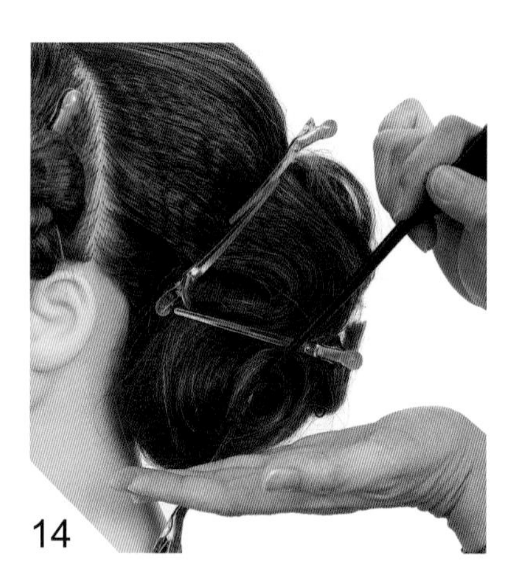

14

在適當處將髮束拉成圓弧型收尾。

15

刮蓬 C 區。

16

利用鴨嘴夾梳出 S 型流線

17

刮蓬 A、B 兩區，梳出前額流線

18

梳成 S 流線並與後方髮髻結合

七
punk
龐克

造型重點

本造型由兩個髮髻組成：A 區髮髻為兩髮片以包覆式的技巧完成塑型，B、C 區以空心捲技法完成髮髻。

造型表現

造型美感來自於前額交錯的髮髻，以及側面兩個髮髻構成的美感，低調呈現龐克叛逆的風情。

假人分區圖

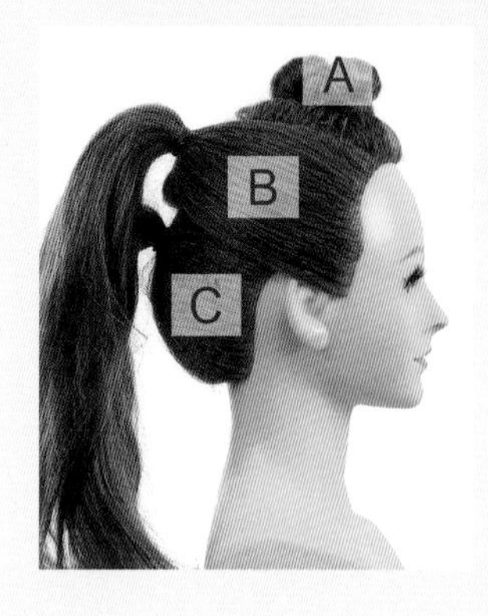

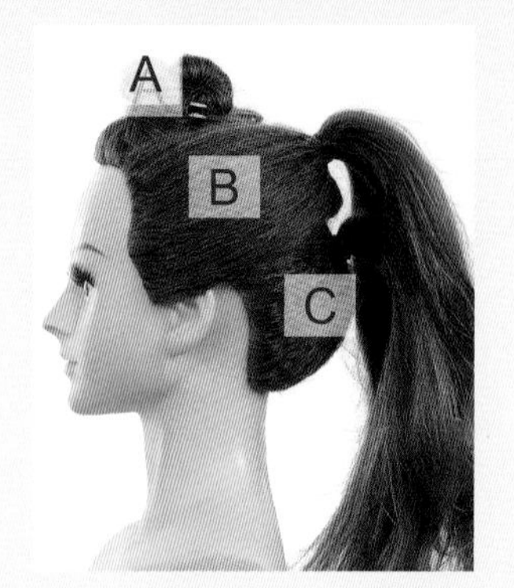

造型技巧

- 刮髮技法：本造型各區皆運用刮髮技巧。
- 包覆技法：A 區。
- 手指捲技法：A 區。
- 空心捲技法：B、C 區。

假人完成圖

真人完成圖

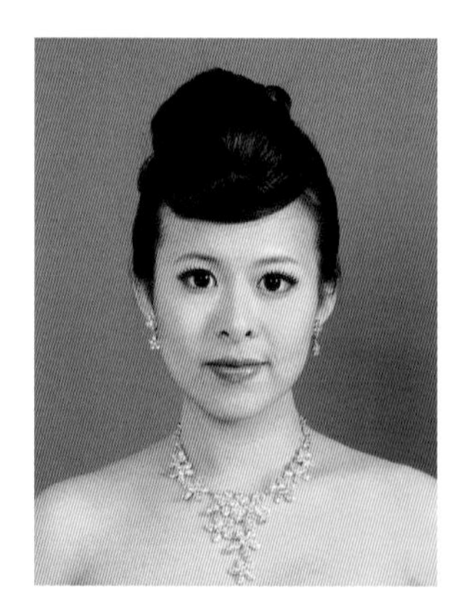
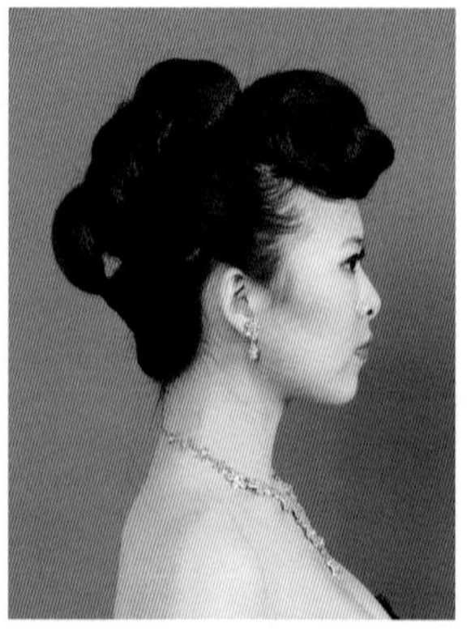
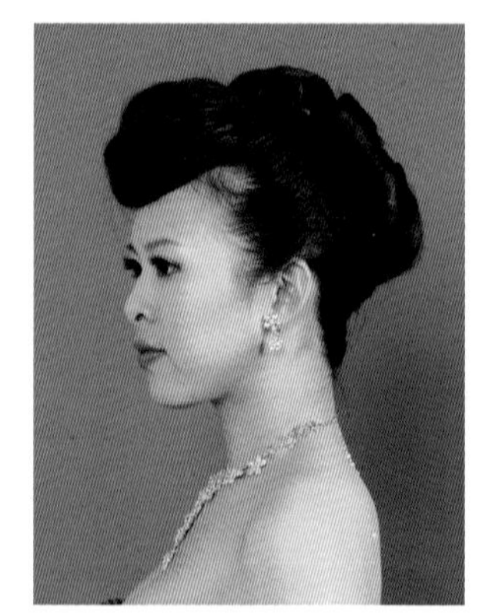
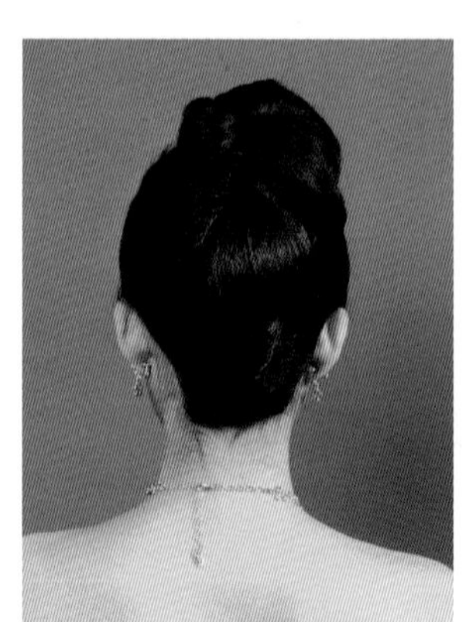

將 A 區分爲前後兩髮束。

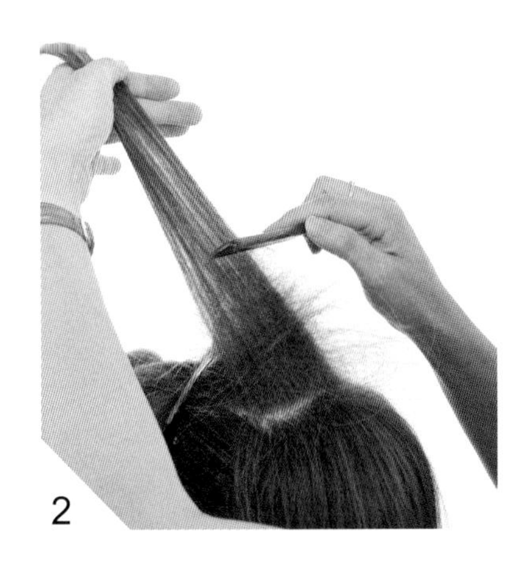

分別將髮束刮蓬梳順。

將兩髮束於前額交錯。

以鴨嘴夾暫時固定一端。

將髮束向後收攏並固定。

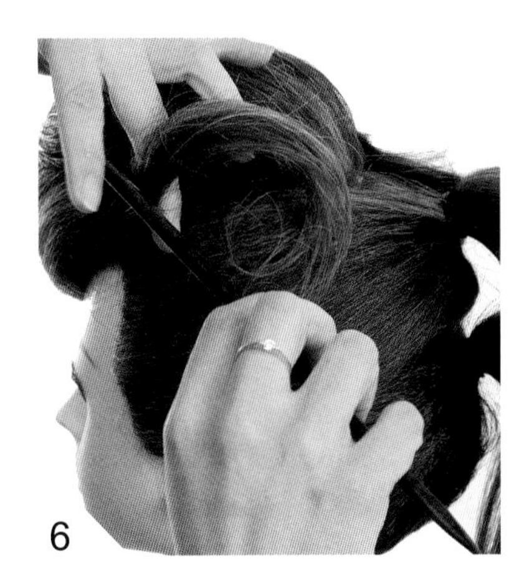

收攏並固定另一端。

髮尾以手指捲收成圓弧型並藏於前額空心捲內。

取 B 區髮束刮髮。

取部分髮束，以手指捲製作空心捲。

10

調整空心捲大小。

11

再取部分髮束刮髮後，製作與前一空心捲交錯之另一空心捲。

12

接著製作另一交錯之空心捲。

13

依序完成 B 區。

14

取 C 區髮束，刮髮後延續 B 區之空心捲交錯排列。

15

修整整體空心捲的交錯與層次。

資料來源

參考書籍

Howard, M. c.（1997）. Contemporary Cultural Anthropology（李茂興、藍美華 , Trans.）.

Kottat, C. P.（2011）. Cultural Anthropology：Chuliu.

許進雄（2013）。中國古代社會：文字與人類學的透視。新北市：臺灣商務

李玉瑛（2004）。妝扮新娘—當代台灣產婚紗產業的興起與發展歷史。逢甲人文社會學報 , 8, 183-217.

網路資料

https://ir.nctu.edu.tw/bitstream/11536/48147/1/251701.pdf

https://aa8787.pixnet.net/blog/post/4983994

https://www.pengyuan.com.tw/article_detail/10

https://www.jzn.com.tw/tw/cuture_marriage

國家圖書館出版品預行編目（CIP）資料

新娘秘書：時尚新娘造型設計 / 王惠欣編著. -- 二版. -- 新北市：
全華圖書股份有限公司, 2021.01
面； 公分
ISBN 978-986-503-544-0（平裝）

1.髮型 2.化粧術 3.造型藝術

425.5 109020702

新娘秘書：時尚新娘造型設計

作　　者／王惠欣
發 行 人／陳本源
執行編輯／賴欣慧
封面設計／戴巧耘
出 版 者／全華圖書股份有限公司
郵政帳號／0100836-1 號
印 刷 者／宏懋打字印刷股份有限公司
圖書編號／0817601
二版一刷／2021 年 1 月
定　　價／新臺幣 530 元
I S B N／978-986-503-544-0
全華圖書／www.chwa.com.tw
全華網路書店 Open Tech ／ www.opentech.com.tw
若您對書籍內容、排版印刷有任何問題，歡迎來信指導 book@chwa.com.tw

臺北總公司（北區營業處）
地址：23671 新北市土城區忠義路 21 號
電話：(02) 2262-5666
傳真：(02) 6637-3695、6637-3696

中區營業處
地址：40256 臺中市南區樹義一巷 26 號
電話：(04) 2261-8485
傳真：(04) 3600-9806（高中職）
(04) 3601-8600（大專）

南區營業處
地址：80769 高雄市三民區應安街 12 號
電話：(07) 381-1377
傳真：(07) 862-5562

（請由此線剪下）

歡迎加入 全華會員

● 會員獨享

會員享購書折扣、紅利積點、生日禮金、不定期優惠活動…等。

● 如何加入會員

掃 QRcode 或填妥讀者回函卡直接傳真（02）2262-0900 或寄回，將由專人協助登入會員資料，待收到 E-MAIL 通知後即可成為會員。

如何購買 全華書籍

1. 網路購書

全華網路書店「http://www.opentech.com.tw」，加入會員購書更便利，並享有紅利積點回饋等各式優惠。

2. 實體門市

歡迎至全華門市（新北市土城區忠義路 21 號）或各大書局選購。

3. 來電訂購

(1) 訂購專線：(02) 2262-5666 轉 321-324
(2) 傳真專線：(02) 6637-3696
(3) 郵局劃撥（帳號：0100836-1　戶名：全華圖書股份有限公司）
※ 購書未滿 990 元者，酌收運費 80 元。

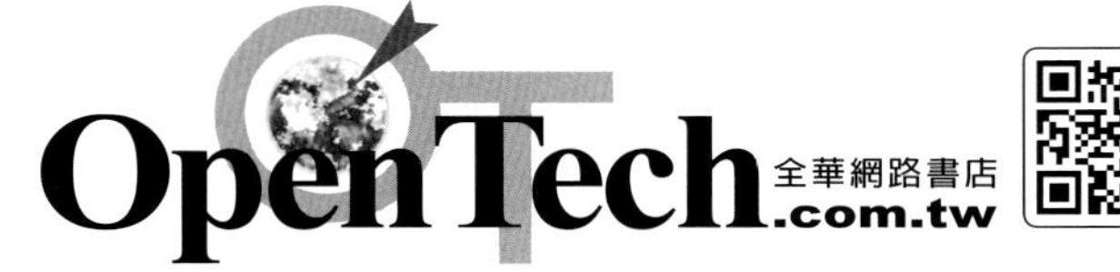

全華網路書店 www.opentech.com.tw
E-mail: service@chwa.com.tw

※ 本會員制如有變更則以最新修訂制度為準，造成不便請見諒。

廣 告 回 信
板橋郵局登記證
板橋廣字第540號

行銷企劃部　收

23671 新北市土城區忠義路 21 號
全華圖書股份有限公司

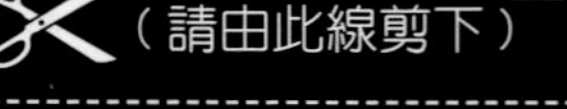

掃 QRcode 線上填寫 ▶▶▶

姓名：＿＿＿＿＿＿　生日：西元＿＿＿年＿＿＿月＿＿＿日　性別：□男 □女

電話：（　）＿＿＿＿＿＿　手機：＿＿＿＿＿＿

e-mail：（必填）＿＿＿＿＿＿

註：數字零，請用 Φ 表示，數字 1 與英文 L 請另註明並書寫端正，謝謝。

通訊處：□□□□□＿＿＿＿＿＿

學歷：□高中・職　□專科　□大學　□碩士　□博士

職業：□工程師　□教師　□學生　□軍・公　□其他

學校／公司：＿＿＿＿＿＿　科系／部門：＿＿＿＿＿＿

・需求書類：

□ A. 電子 □ B. 電機 □ C. 資訊 □ D. 機械 □ E. 汽車 □ F. 工管 □ G. 土木 □ H. 化工 □ I. 設計

□ J. 商管 □ K. 日文 □ L. 美容 □ M. 休閒 □ N. 餐飲 □ O. 其他

・本次購買圖書為：＿＿＿＿＿＿　書號：＿＿＿＿＿＿

・您對本書的評價：

封面設計：□非常滿意　□滿意　□尚可　□需改善，請說明＿＿＿＿＿＿

內容表達：□非常滿意　□滿意　□尚可　□需改善，請說明＿＿＿＿＿＿

版面編排：□非常滿意　□滿意　□尚可　□需改善，請說明＿＿＿＿＿＿

印刷品質：□非常滿意　□滿意　□尚可　□需改善，請說明＿＿＿＿＿＿

書籍定價：□非常滿意　□滿意　□尚可　□需改善，請說明＿＿＿＿＿＿

整體評價：請說明＿＿＿＿＿＿

・您在何處購買本書？

□書局　□網路書店　□書展　□團購　□其他＿＿＿＿＿＿

・您購買本書的原因？（可複選）

□個人需要　□公司採購　□親友推薦　□老師指定用書　□其他＿＿＿＿＿＿

・您希望全華以何種方式提供出版訊息及特惠活動？

□電子報　□ DM　□廣告（媒體名稱＿＿＿＿＿＿）

・您是否上過全華網路書店？（www.opentech.com.tw）

□是　□否　您的建議＿＿＿＿＿＿

・您希望全華出版哪方面書籍？＿＿＿＿＿＿

・您希望全華加強哪些服務？＿＿＿＿＿＿

感謝您提供寶貴意見，全華將秉持服務的熱忱，出版更多好書，以饗讀者。

填寫日期：　　/　　/

2020.09 修訂

親愛的讀者：

感謝您對全華圖書的支持與愛護，雖然我們很慎重的處理每一本書，但恐仍有疏漏之處，若您發現本書有任何錯誤，請填寫於勘誤表內寄回，我們將於再版時修正，您的批評與指教是我們進步的原動力，謝謝！

全華圖書　敬上

勘　誤　表

書　號		書　名		作　者	

頁　數	行　數	錯誤或不當之詞句	建議修改之詞句

我有話要說：（其它之批評與建議，如封面、編排、內容、印刷品質等・・・）